FORMES DE FLEURS ET DE CALICES

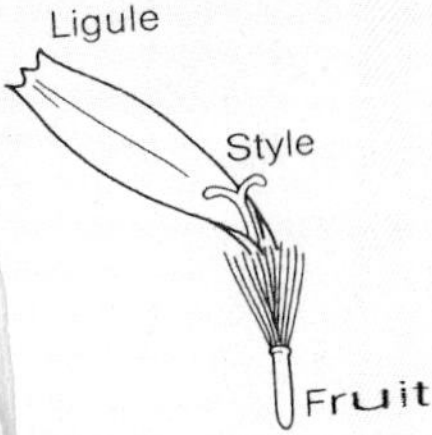

Fleur ligulée

Fleur tubulée

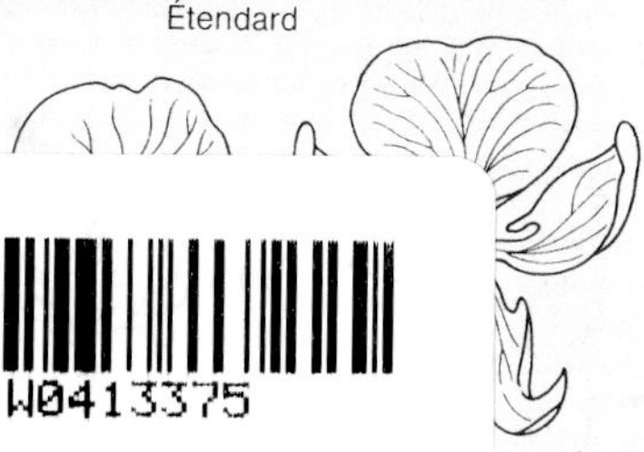

Papilionacée

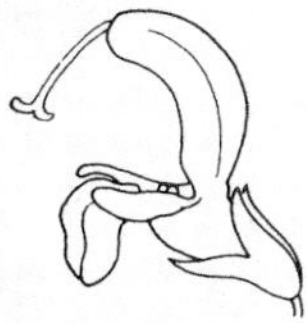

Labiée

Scrofulariacée avec éperon

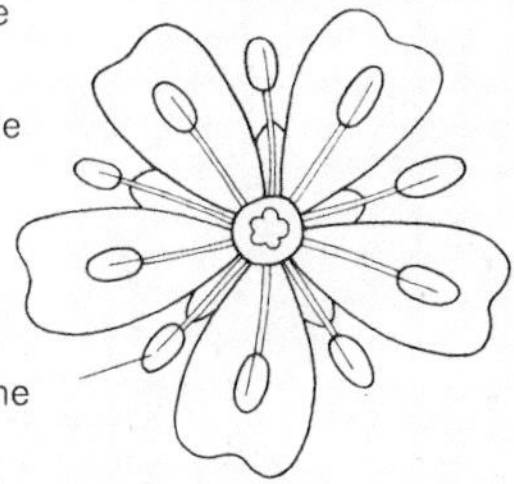

Fleur vue de dessus

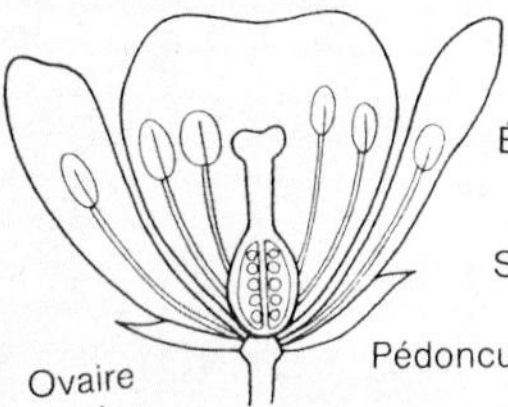

Fleur à sépales et pétales libres (coupe)

Ovaire infère

Ovaire semi-infère

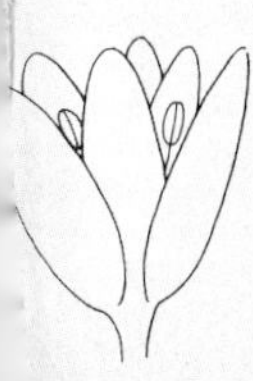

Périanthe simple

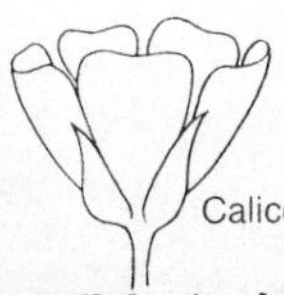

Périanthe à dialysépales et dialypétales (sépales et pétales libres)

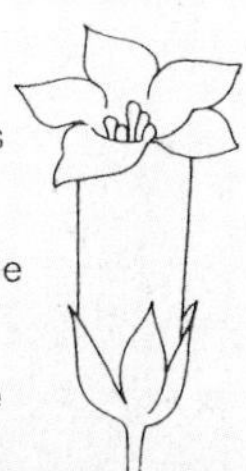

Périanthe à gamosépales et gamopétales (sépales et pétales soudés)

Lippert/Podlech

les fleurs

NATHAN

Introduction

Ce guide des fleurs est conçu à l'intention des amis de la nature. Son format maniable, les photographies en couleurs et ses dessins explicatifs en font un ouvrage idéal à emporter dans tous les voyages et randonnées.
Les principales plantes à fleurs d'Europe y sont représentées et décrites :
420 photographies en couleurs d'une grande fidélité, prises dans le milieu naturel par les meilleurs photographes de plantes d'Europe, montrent la forme caractéristique de croissance de chaque espèce avec toutes ses parties essentielles.
250 schémas botaniques inédits illustrent des détails tels que la forme de la fleur, de la tige et de la feuille ainsi que l'implantation du fruit.
Des textes descriptifs, faciles à comprendre, placés en regard des photographies, précisent l'aspect, l'habitat, la distribution et les espèces voisines de la plante illustrée.
La *méthode d'identification* est simple et efficace : les plantes illustrées sont *classées d'après la teinte de leurs fleurs* et figurent sur un fond de couleur correspondante. Des *marques colorées* visibles de l'extérieur du livre facilitent le repérage. Pour identifier une plante dans la nature, il faut donc commencer par chercher à quel groupe de couleur elle appartient ; on en déterminera ensuite l'espèce en étudiant ses caractéristiques principales comme la fleur, le fruit, les feuilles et le mode de croissance.
GROS PLAN SUR LES FLEURS contient d'autres moyens pratiques d'identification : *dessins des formes de fleurs et des infrutescences ainsi que des formes de tige et de feuilles ;* il est, en outre, complété par *quelques éléments de botanique* et par un *index des espèces.* Une *règle graduée en centimètres* sur les pages intérieures de la couverture permet de mesurer la plante sur pied dans son milieu naturel.
Avec cet ouvrage en poche, il vous sera facile, même sans connaissances approfondies en botanique, de reconnaître avec certitude les fleurs de nos régions. Vous vous familiariserez avec elles et pourrez d'autant mieux contribuer à leur protection et à leur survie dans leur biotope si menacé.

Les auteurs
sont d'éminents botanistes parmi les meilleurs spécialistes de la flore européenne :
Dr. Wolfgang Lippert, conservateur en chef de la Botanischen Staatssammlung de Munich, président de la Société botanique de Bavière.
Dr. Dieter Podlech, professeur à l'Institut de botanique systématique de la Ludwig-Maximilian-Universität de Munich, co-auteur d'une « Flore illustrée d'Europe centrale ».

Détermination des plantes d'après la couleur de leurs fleurs

Pour vous permettre d'identifier rapidement et sûrement les plantes, les 600 espèces illustrées dans ce livre ont été classées selon la couleur de leurs fleurs. Photographies et textes descriptifs se trouvent sur un fond de teinte correspondante et des marques colorées en bleu, jaune, rouge, blanc et vert, visibles de l'extérieur facilitent le repérage.

Les cinq groupes de couleurs

Marque bleue :
Dans ce groupe, figurent toutes les fleurs dont la teinte va du bleu clair au bleu foncé et au violet bleuté, pp. 8 à 33.

Marque jaune :
Dans ce groupe, figurent toutes les fleurs dont la teinte va du jaune clair à l'orangé, pp. 34 à 93.

Marque rouge :
Dans ce groupe, figurent toutes les fleurs dont la teinte va du rose au rouge foncé, au pourpre et au violet rougeâtre, pp. 94 à 157.

Marque blanche :
Dans ce groupe, figurent toutes les fleurs de teinte blanche ou crème, pp. 158 à 211.

Marque verte :
Dans ce groupe, figurent toutes les fleurs de teinte verdâtre ou brunâtre, pp. 212 à 241.

Exceptions à la règle

La plupart des fleurs se classent dans un groupe déterminé de couleur. C'est aussi par la couleur de leurs fleurs, donc de leurs pétales, qu'il faudra chercher à identifier les plantes dont les sépales sont également colorés (ex. : benoîte des ruisseaux, p. 182) et celles dont les pétales portent des taches d'une autre couleur (ex. : galéopsis à fleurs variées, p. 74).

Trois cas particuliers peuvent cependant parfois se présenter :

- Modification de la teinte des fleurs pendant la période de floraison (ex. : pulmonaire sombre, p. 20).
- Fluctuations de la teinte des fleurs, surtout dans les domaines rouge/bleu (ex. : scabieuse des champs, p. 148), rose/blanc (ex. : silène enflé, p. 170) et jaune clair/blanc (ex. : bryone dioïque, p. 188).
- Apparition de deux teintes différentes de fleurs (ex. : Grande consoude, p. 202).

La systématique au sein des groupes colorés

À l'intérieur de chaque groupe coloré, les espèces sont toujours classées dans le même ordre, en fonction de leur appartenance aux grandes divisions de la systématique (genre, famille).

Choix des espèces décrites
Ce guide embrasse la totalité des principales plantes à fleurs de la zone tempérée d'Europe, des plus communes même si elles sont plutôt insignifiantes aux plus spectaculaires, même plus rares. La zone tempérée considérée va de l'ouest des Pays-Bas et de la France à l'est jusqu'en Pologne, Tchécoslovaquie et ouest de la Hongrie, au sud jusqu'à la bordure méridionale des Alpes et au nord jusqu'au sud de la Scandinavie. On trouvera représentées dans ce livre des espèces poussant du littoral marin aux vallées alpines. N'y figurent pas les plantes de haute montagne, les arbres et les grands arbrisseaux.

Photographies, schémas et textes descriptifs

Les photographies en couleurs
Toutes les photographies en couleurs représentent les plantes dans leur milieu naturel ; elles ont été sélectionnées parmi quelque 10 000 diapositives en fonction de leur qualité picturale et de leur clarté. Elles montrent :
- la façon typique dont se présente la plante dans son habitat naturel,
- la forme caractéristique de croissance de la plante en période de floraison,
- les feuilles caulinaires et, si cela s'avère utile pour l'identification, les feuilles radicales de la plante.

Les plantes sont des individus dont la morphologie, déterminée par des caractères héréditaires, peut être modifiée sous l'influence de l'environnement, par exemple les conditions de l'habitat. C'est pourquoi la plante trouvée ne concorde pas toujours parfaitement avec l'aspect qu'elle a sur l'illustration.
Les photographies et les textes descriptifs sont placés en regard les uns des autres sur une double page et portent le même numéro.

Les textes descriptifs
Les notices signalétiques décrivent les principaux caractères qui permettent, en dehors de la photographie en couleurs, d'identifier la plante illustrée.
Après le nom français de l'espèce (et éventuellement aussi quelques autres noms usuels), vient le nom latin tel qu'il figure dans la « Flora Europaea », ouvrage en 5 volumes paru en 1980. Le nom de la famille végétale y fait suite.
Les plantes protégées, celles en voie d'extinction ou menacées et les espèces vénéneuses sont signalées par les symboles suivants :

P protégée **!** à protéger + toxique

L'aspect caractéristique sous lequel se présente chaque fleur est décrit en détail : couleur, forme et disposition des fleurs sont les indications les plus précieuses pour l'identification. Mais la forme et la structure des fruits ont aussi beaucoup d'importance car c'est à cet égard que les plantes se montrent les « plus conservatrices » et changent à peine sous l'effet de l'environnement ; en revanche, le développement des feuilles risque de subir des modifications en fonction du milieu et les variations de hauteur et de ramification des tiges sont particulièrement marquées.
La période de floraison d'une plante dépend des conditions climatiques saisonnières et donc de l'endroit où croît l'espèce décrite : plaine ou moyenne montagne, nord ou sud de l'Europe ; c'est pourquoi la « fourchette » donnée est relativement grande.
Les renseignements relatifs à l'habitat n'ont qu'une valeur indicatrice car la plupart des espèces peuvent coloniser des quantités de milieux différents, qui sont cités dans l'ordre décroissant de leur fréquence. Sous la rubrique distribution, figurent les régions d'Europe où les plantes poussent et les contrées extra-européennes où elles sont susceptibles d'être également rencontrées.
Les espèces voisines se différencient souvent de celle illustrée par des caractères que seul un examen minutieux permet d'apprécier. Pour en faciliter l'identification, ces différences sont précisées et expliquées par un dessin.

Les schémas botaniques

Des dessins au trait sont inclus dans les textes descriptifs ; ils montrent, soit des détails importants qui complètent les photographies, soit les caractères botaniques permettant de différencier des espèces voisines. Cet ouvrage comporte en outre des schémas d'infrutescences et de formes de fleurs (2e page de couverture et 1re page de texte) ainsi que de formes de feuilles et d'inflorescences (dernière page de texte et 3e page de couverture).

Autres moyens d'identification

Des *éléments de botanique* (p. 242), présentés sous une forme concise aussi claire que possible, facilitent la compréhension des termes techniques utilisés dans le texte. Ils sont accompagnés de *dessins au trait* simples mais « parlants ». Un *index* des noms latins et des noms français (p. 248) permet de retrouver aisément des espèces connues de fleurs. Enfin une *règle graduée en centimètres,* imprimée sur les pages intérieures de la couverture offre la possibilité de mesurer les plantes sur pied dans leur milieu naturel.

1. Scille à deux feuilles

Scilla bifolia **!**

(Liliacées)

Plante glabre de 30 cm de haut avec une seule tige fleurie. Généralement 2 feuilles herbacées. Pédoncules floraux plus longs que diamètre des fleurs ; fleurs à 6 pétales écartés en étoile, bleus à violets ; 6 étamines ; ovaire supère.

Floraison : III-IV. Habitat : forêts de feuillus, vergers. Distribution : vastes régions d'Europe, au nord jusqu'aux Pays-Bas, Allemagne centrale et sud de la Pologne ; rare ou absente par endroits.

Espèces voisines : **Scille de Sibérie,** *S. sibirica* (feuilles et tiges nombreuses, pédoncules floraux plus courts que diamètre des fleurs, fleurs en clochettes larges), cultivée et parfois échappée. — **Jacinthe des bois,** *Hyacinthoides non scripta* (pièces florales soudées en godet à la base, périanthe en cloche étroite, chaque fleur avec 2 bractées), cultivée et parfois échappée.

Fleur

2. Muscari botryde

Muscari botryoides **!**

(Liliacées)

Plante glabre de 25 cm de haut. Feuilles herbacées de 8 mm de large, s'élargissant vers la pointe. Inflorescence dense, longue de 3-6 cm ; fleurs pendantes, sphériques (pièces florales presque entièrement soudées), inodores, bleu foncé au bord blanc, dents du périgone arquées vers l'extérieur ; 6 étamines ; 1 style court ; ovaire supère.

Floraison : IV-V. Habitat : prairies, forêts claires de feuillus ; sur sol calcaire. Distribution : vastes régions d'Europe, surtout aux endroits les plus chauds ; parfois échappé de culture.

Espèces voisines : **Muscari à grappes,** *M. racemosum* (feuilles étroites et linéaires, plus longues que la tige, fleurs odorantes, allongées et ovales), dans les vignobles et sur les pelouses sèches. — **Muscari ou jacinthe à toupet,** *M. comosum.*

3. Iris de Sibérie

Iris sibirica **P**

(Iridacées)

Plante poussant en touffes denses de 1 m de haut. Feuilles herbacées, larges de 2-5 cm, feuilles radicales plus courtes que la tige. Tige cylindrique avec 1 à 3 fleurs aux aisselles des feuilles supérieures. Fleurs bleu violacé plus ou moins foncé ; pièces florales extérieures dirigées vers le bas, sans barbes, devenant plus claires vers l'intérieur avec des veines foncées ; pétales intérieurs dressés, un peu plus foncés que les extérieurs. Le fruit est une capsule de près de 5 cm de long.

Floraison : V-VI. Habitat : prés d'épandage, prairies marécageuses, terrains alluvionnaires. Distribution : Europe ; à l'est jusqu'au Japon ; très rare ou absent par endroits.

1|2

3

1. Ancolie commune

Aquilegia vulgaris **!**
(Renonculacées)
Plante de 60 cm de haut. Feuilles radicales à long pétiole, doublement tripartites ; folioles crénelées ; feuilles caulinaires plus petites, sessiles. Fleurs bleu violacé, rarement roses ou blanches ; sépales étroits et ovales, pétales obtus avec un éperon crochu à la base. Fruit avec 5 à 8 follicules allongés, dressés.
Floraison : VI-VII. Habitat : lisières des forêts, prairies sèches. Distribution : Europe centrale.

2. Dauphinelle consoude

Pied d'alouette
Consolida regalis
(Renonculacées)
Plante annuelle atteignant 50 cm de haut. Feuilles tripartites, découpées en lanières filiformes. Fleurs bleu franc ; sépales ovales ; pétales concrescents, longuement éperonnés à la base. Le fruit est un unique follicule glabre.
Floraison : V-VIII. Habitat : champs, prés, bordures des champs. Distribution : Europe ; Asie Mineure.

3. Aconit napel

Aconitum napellus **! +**
(Renonculacées)
Plante de 1,50 cm de haut avec une robuste tige, généralement non ramifiée. Feuilles palmées, découpées jusqu'à la base en 5 à 7 parties. Fleurs en grappe terminale, bleu soutenu ; 5 pièces florales inégales dont la supérieure est en forme de « casque » plus large que haut. Le fruit est constitué de 3 follicules glabres.
Floraison : VI-VIII. Habitat : forêts de montagne, arbustes hauts, bords des ruisseaux. Distribution : montagnes moyennes et hautes de toute l'Europe.
Espèces voisines : **Aconit paniculé,** *A. paniculatum* (inflorescence paniculée et casque plus étiré en longueur). — **Aconit panaché,** *A. variegatum* (généralement inflorescence paniculée et casque plus haut en forme de bonnet à pointe).

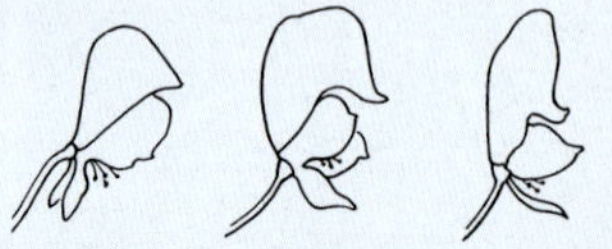

Fleurs

4. Anémone pulsatille

Coquelourde, herbe au vent **!**
Pulsatilla vulgaris
(Renonculacées)
Plante velue de 30 cm de haut. Feuilles radicales apparaissant après les fleurs, plusieurs fois pennées. Tige uniflore avec un verticille de feuilles très découpées. Fleurs atteignant 5 cm de long, tout d'abord en clochettes, puis étalées, violettes, couvertes extérieurement de touffes de poils. Fruits avec un style velu pouvant atteindre 5 cm de long.
Floraison : III-V. Habitat : pelouses sèches ; généralement sur

Feuilles

sol calcaire. Distribution : Europe centrale.
Espèce voisine : **Anémone étalée,** *P. patens* (feuilles trimères avec des segments digités) en Allemagne de l'Est et en Bavière.

1

2|3

4

1. Nigelle des prés

Nigella arvensis
(Renonculacées)
Plante herbacée annuelle. Tige dressée à feuilles multifides, segments fins. Bractées semblables aux feuilles, dépassant la fleur, formant une couronne autour des sépales lancéolés, étalés. Bouquet d'étamines exsertes. Follicules soudés entre eux, surmontés de 5 cornes flexueuses correspondant aux styles.
Floraison : VI-VII. Habitat : jardins. Distribution : Midi.
Espèce voisine : **Nigelle de Damas,** *N. damascena.*

2. Géranium des prés

Geranium pratense
(Géraniacées)
Plante d'1 m de haut avec tige hérissée de poils, glanduleuse dans le haut, ramifiée et fourchue. Feuilles radicales et feuilles caulinaires inférieures longuement pétiolées, à poils raides, avec 5 à 7 segments dentés, profondément pennatifides ; feuilles caulinaires opposées, petites. Fleurs actinomorphes pentamères ; pétales et sépales non concrescents ; pédoncules floraux réfractés après la floraison et se redressant parfois ensuite ; pétales longs de 2 cm, ovales, bleu violacé à bleu clair avec des veines plus foncées, étalés ; 10 étamines avec les filets fortement élargis à la base ; ovaire supère avec un long bec. Fruit long de 3 cm, à poils glanduleux ; se séparant à maturité en 5 fractions à une seule graine qui restent attachées au bec par la pointe, s'incurvent vers le haut à partir du bas et éjectent leurs graines.
Floraison : VI-VIII. Habitat : prés de fauche humides, bords des ruisseaux, bois de bordure.
Distribution : des Pyrénées au Japon ; rare ou absent par endroits en Europe centrale.
Espèces voisines : **Géranium des bois,** *G. sylvaticum* (filets des étamines rétrécis à la base, corolle rougeâtre à violette, pédoncules floraux restant dressés après la floraison, feuilles moins divisées), répandu à plus haute altitude, rare en plaine. — **Géranium des marais,** *G. palustre* (tige sans poils glanduleux mais avec des poils rebroussés, corolle rouge pourpre clair), dans les marais, au bord des ruisseaux et dans les fourrés des berges.

3. Hépatique à trois lobes

Hepatica nobilis
(Renonculacées)
Plante de 15 cm de haut. Feuilles radicales nombreuses, survivant souvent à l'hiver, à long pétiole, vertes et glabres sur le dessus, rouge brunâtre à violet sur le dessous, tripartites avec de larges segments ovales. Fleurs solitaires sur de longs pédoncules velus ; collées au-dessous de chaque fleur comme un calice, 3 bractées à bord lisse ; fleurs larges de 2-3 cm avec 5 à 10 pièces florales bleues ou roses, plus rarement blanches ; nombreuses étamines. Petits fruits velus.
Floraison : III-IV. Habitat : forêts de feuillus, broussailles ; sur sol calcaire. Distribution : vastes régions d'Europe ; rare ou absente dans les contrées au sol non calcaire.

1|2

3

1. Clématite des Alpes

Clematis alpina

(Renonculacées)

Liane ligneuse grimpante ou rampante, 2-4 m, très volubile et ramifiée. Feuilles opposées, 1 à 2 fois pennées ; folioles dentées, ovales-lancéolées, velues au-dessous. Pétioles vrillants. Grandes fleurs isolées (6-8 cm), inclinées, en cloche. Longs pédoncules dans les aisselles des feuilles. 4 à 5 sépales coloriés. Pétales transformés en feuilles nectacifères blanchâtres à l'intérieur de la fleur. Étamines stériles jaune pâle.

Floraison : V-VII. Habitat : buissons, forêts. Distribution : Alpes, Europe centrale.

2. Violette des marais

Viola palustris

(Violacées)

Plante glabre, sans tige, de 10 cm de haut. Feuilles réniformes, généralement obtuses. Fleurs inodores ; pétales violet clair, le plus bas étant veiné de foncé ; éperon droit, violet.

Floraison : V-VI. Habitat : tourbières, forêts marécageuses. Distribution : Europe.

3. Violette odorante

Viola odorata

(Violacées)

Plante acaule, peu velue à glabre, atteignant 10 cm de haut, avec de longs stolons aériens qui s'enracinent. Feuilles arrondies, avec une étroite échancrure à la base. Fleurs odorantes ; pétales violet foncé, rarement blancs ; éperon droit, violet foncé.

Floraison : III-IV. Habitat : forêts claires de feuillus, broussailles. Distribution : originaire de Méditerranée.

4. Violette naine

Viola pumila !

(Violacées)

Plante presque glabre de 30 cm de haut, avec tige feuillée. Feuilles à base cunéiforme se rétrécissant vers le pétiole ; stipules des feuilles caulinaires moyennes à peu près aussi longues que le pétiole. Fleurs inodores ; pétales violet clair, veinés de plus foncé ; éperon droit.

Floraison : V-VI. Habitat : prés d'épandage, tourbières. Distribution : vastes régions d'Europe mais nulle part commune.

5. Lin bleu

Linum perenne !

(Linacées)

Plante glabre de 60 cm de haut. Tige feuillée. Feuilles entières, larges de 1-3 mm et longues de 3 cm, alternes. Sépales longs de 3,5-6 mm, de grandeurs variables ; pétales 3 à 4 fois plus longs que les sépales.

Floraison : VI-VIII. Habitat : pelouses sèches, pinèdes claires, pentes rocheuses. Distribution : Europe, nulle part commun.

6. Polygala amer

Polygala amarella

(Polygalacées)

Plante de 20 cm de haut. Tige avec, à la base, une nette rosette de feuilles. Feuilles radicales ovales, nettement plus grandes et plus larges que les caulinaires, toutes à saveur amère. Fleurs bleues ou blanches, longues de 2-4 mm ; ailes allongées, nervures latérales non reliées à la nervure médiane ; corolle avec appendice fimbrié.

Floraison : V-VIII. Habitat : prairies, sources, forêts claires. Distribution : Europe.

1|2

3|4

5

1. Gentiane asclépiade

Gentiana asclepiadea !
(Gentianacées)
Plante à tige feuillée, d'1 m de haut. Feuilles lancéolées à ovales, pointues, sessiles, à 5 nervures. Fleurs nombreuses, solitaires ou groupées à plusieurs aux aisselles des feuilles ; corolle longue de 5 cm, en clochette étroite, bleue avec des points violets à l'intérieur, pentalobée à lames courtes ; calice à 5 lames courtes, étroites et lancéolées.
Floraison : VIII-IX. Habitat : tourbières, prairies humides, arbustes hauts, broussailles, forêts de montagne ; presque uniquement sur sol calcaire. Distribution : montagnes d'Europe centrale et méridionale jusqu'à basse altitude ; Caucase.

2. Gentiane pulmonaire des marais

Gentiana pneumonanthe !
(Gentianacées)
Plante à tige feuillée, de 40 cm de haut. Feuilles étroites et lancéolées, souvent enroulées au bord, généralement à 1 seule nervure. Fleurs peu nombreuses, à court pédoncule, dans les aisselles des feuilles supérieures ; corolle ayant jusqu'à 5 cm de long, en clochette étroite, bleue avec intérieurement 5 raies ponctuées de vert, pentalobée à lames courtes ; calice à 5 lames étroites et lancéolées.
Floraison : VI-IX. Habitat : tourbières, prés d'épandage, landes humides. Distribution : Europe ; Caucase, Sibérie.

3. Gentiane printanière

Gentiana verna !
(Gentianacées)
Plante de 15 cm de haut, à très courtes tiges florales. Feuilles radicales larges et lancéolées, pointues, ayant jusqu'à 3 cm de long, beaucoup plus grandes que les quelques rares feuilles caulinaires, généralement papilleuses sur le bord. Calice à angles élargis en ailes étroites ; corolle bleu foncé, avec tube assez large et lames étalées.
Floraison : III-VIII. Habitat : éboulis, pelouses sèches, tourbières ; sur sol calcaire. Distribution : montagnes d'Europe centrale et d'Europe méridionale ainsi que dans les Préalpes ; sinon rare.

4. Gentiane ciliée

Gentiana ciliata !
(Gentianacées)
Plante glabre, de 30 cm de haut avec tige dressée, parfois légèrement ramifiée. Feuilles radicales spatulées et obtuses ; feuilles caulinaires lancéolées et pointues. Fleurs ayant jusqu'à 5 cm de long avec corolle bleue à 4 lobes, fendue jusqu'au milieu et barbue dans la gorge ; pétales ovales, longuement frangés sur les bords ; calice presque moitié moins long que le tube de la corolle, avec d'étroits sépales.
Floraison : VIII-IX. Habitat : pelouses sèches, pâturages, broussailles, prés boisés ; sur sol calcaire. Distribution : presque toute l'Europe ; Caucase, Asie Mineure.

1|2

3

4

1. Gentiane de l'Écluse !

Gentiana clusii
(Gentianacées)

Plante de 10 cm de haut avec tige non ramifiée, très courte à l'époque de la floraison. Feuilles radicales lancéolées, pointues, longues de 3-5 cm, 3 à 5 fois plus longues que larges ; feuilles caulinaires beaucoup plus petites. Fleurs solitaires ; corolle bleue, longue de 5-6 cm, en clochette étroite, sans taches ni raies vertes à l'intérieur, à 5 lobes courts ; limbes des pétales triangulaires, étalés avec, entre chacun d'eux, 1 large dent obtuse ; dents du calice dressées, triangulaires, plus larges à la base, 2 1/2 à 3 1/2 fois plus longues que larges, bordées de papilles rudes, avec un angle très aigu entre elles et apparemment non séparées par une membrane ; stigmate frangé, en forme d'entonnoir.

Floraison : V-VIII. Habitat : éboulis, pentes rocheuses, pelouses, pâturages, tourbières ; sur sol calcaire. Distribution : principalement dans les chaînes calcaires périphériques des Alpes ; descendant souvent très profon-

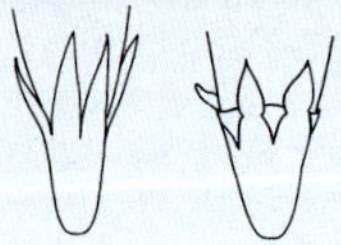

G. clusii G. acaulis

Calices

dément dans les vallées et les contreforts alpins ; Forêt-Noire.

Espèce voisine : **Gentiane acaule,** *G. acaulis* (feuilles radicales lancéolées à elliptiques, longues de 10 cm, dents du calice rétrécies à leur base avec une membrane blanche dans l'espace qui les sépare, corolle nettement tachée de vert dans la gorge), Alpes, Pyrénées, Carpates, uniquement sur sols non calcaires.

2. Gentiane croisette !

Gentiana cruciata
(Gentianacées)

Plante glabre de 50 cm de haut, avec plusieurs tiges sortant des aisselles d'une rosette de feuilles radicales. Feuilles allongées et lancéolées, ayant jusqu'à 10 cm de long, généralement à 3 nervures, coriaces, opposées en croix. Fleurs presque sans pédoncules, groupées à plusieurs à l'extrémité de la tige ou aux aisselles des feuilles caulinaires supérieures ; corolle presque cylindrique, bleutée à bleu-vert extérieurement, bleu vif intérieurement, à 4 lobes portant chacun une ou plusieurs petites dents ; calice en clochette étroite avec 4 courtes pointes étroites et lancéolées.

Floraison : VII-X. Habitat : prairies sèches, pentes rocheuses, lisières ensoleillées des forêts, bords des chemins ; sur sol calcaire. Distribution : presque toute l'Europe ; manque par endroits, par ex. dans les plaines du nord-ouest de l'Allemagne ; de l'Espagne à la Sibérie occidentale ; Asie Mineure, Turkestan.

3. Petite pervenche

Vinca minor
(Apocynacées)

Plante glabre de 20 cm de haut. Pousses stériles couchées, émettant généralement des racines aux nœuds, tiges florifères dressées. Feuilles opposées en croix, lancéolées, sessiles, persistantes. Fleurs pédonculées, solitaires aux aisselles des feuilles ; corolle large de 2-3 cm, bleu clair, avec un tube court et de larges lames étalées à plat.

Floraison : IV-V. Habitat : forêts de feuillus, broussailles ; sur sol calcaire. Distribution : presque toute l'Europe ; se raréfiant vers le nord ; Caucase, Asie Mineure.

1

2|3

1. Bourrache officinale

Borago officinalis

(Borraginacées)

Plante herbacée annuelle, robuste, hispide. 30-60 cm. Tige ramifiée. Feuilles basales ovales triangulaires, les caulinaires sessiles. Fleurs disposées en grappes unilatérales, denses, sur feuilles supérieures. En cymes lâches terminales, solitaires, pédonculées, penchées, largement ouvertes, diamètre 2-2,5 cm. Corolle à lobes étroits, à tube court, alternant avec les dents du calice ; 5 lobes étalés en étoiles. Anthères en colonne saillante, marron pourpre, soudées en cône saillant au centre de la fleur.

Floraison : IV-IX. Habitat : jardins, potagers, décombres, plaine jusqu'à 1 800 m. Cultivée.

Distribution : Europe méridionale.

Espèce voisine : *Trachystemon orientalis* (feuilles de base pétiolées, 30 cm, vert plus brillant. Panicule florifère peu feuillée. Lobes de la corolle déjetés en arrière, cône staminal étroit et long) en Turquie, Bulgarie et Caucase, mais rare.

2. Vipérine commune

Echium vulgare

(Borraginacées)

Plante de 1 m de haut, densément couvertes de poils piquants. Feuilles linéaires lancéolées aux radicales atteignant 35 cm de long. Longue inflorescence lâche de forme cylindrique ; fleurs nombreuses ; corolle zygomorphe, tout d'abord rougeâtre, puis bleue, de 2 cm de long, velue ; calice divisé presque jusqu'à la base.

Floraison : V-X. Habitat : friches, pelouses sèches lacunaires, bords des chemins, remblais. Distribution : Europe ; Amérique.

3. Myosotis des bois

Myosotis sylvatica

(Borraginacées)

Plante velue, de 40 cm de haut, à tige feuillée. Feuilles entières, elliptiques à lancéolées. Corolle bleue d'au moins 5 mm de large ; lames de la corolle étalées à plat ; calice atteignant 5 mm de long après flétrissement des fleurs, avec des poils crochus écartés.

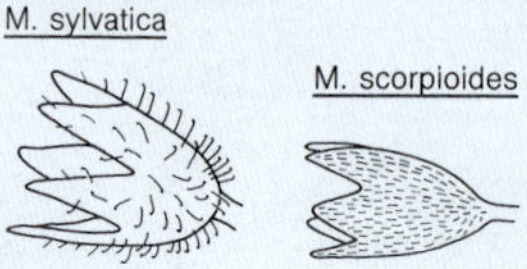

Calices

Floraison : V-VII. Habitat : prairies, arbustes hauts, forêts claires de feuillus. Distribution : Europe, à l'est jusqu'en Russie, au sud jusqu'aux Apennins et aux Balkans.

Espèce voisine : **Myosotis des marais,** *M. scorpioides* (calice à poils apprimés), dans des lieux humides.

4. Pulmonaire sombre

Pulmonaria obscura

(Borraginacées)

Plante à poils rudes, de 35 cm de haut. Feuilles radicales ovales, se rétrécissant brusquement vers le pétiole, sans taches sur le dessus ; feuilles caulinaires elliptiques, sessiles. Fleurs à court pédoncule ; calice en clochette, corolle en forme d'entonnoir dans le haut avec 5 lobes ronds, tout d'abord rouge, puis violet bleuté.

Floraison : III-V. Habitat : forêts mixtes de feuillus, broussailles.

Distribution : Europe.

Espèces voisines : **Pulmonaire officinale,** *P. officinalis* (feuilles nettement tachées de blanc). — **Pulmonaire à feuilles étroites,** *P. angustifolia*

1

2|3

4

1. Romarin

Rosmarinus officinalis
(Labiacées)
Arbuste touffu à branches dressées. Feuilles persistantes, épaisses, bords enroulés, étroites, à lèvre supérieure légèrement bosselée, lèvre inférieure blanche dépassant les fleurs bleu sale, en petites cymes axillaires, à style saillant, arqué.
Floraison : I-XII. Habitat : littoral, garrigues rocailleuses. Distribution : Midi méditerranéen, landes.

2. Lavande bleue

Lavandula stoechas
(Labiacées)
Sous-arbrisseau ramifié en touffes denses, à branches dressées. Feuilles linéaires, persistantes, velues, grisâtres. Fleurs très petites, groupées en épi terminal dense. Fleurs sans pédoncule insérées près les unes des autres sur axe commun. Corolles foncées, dépassant légèrement les bractées. Épi surmonté de nombreuses bractées, grandes, à l'apparence de fleurs.
Floraison : IV-VI. Habitat : sols rocheux, rocailleux, coteaux siliceux très secs. Distribution : Midi méditerranéen, bord de mer.
Espèce voisine : **Lavande vraie,** *L. vera,* importants peuplements sur les coteaux arides des basses montagnes méditerranéennes occidentales. — *S. triloba* (à feuilles gaufrées, ridées, épaisses, trilobées).

3. Sauge des prés

Salvia pratensis
(Labiacées)
Plante à courts poils glanduleux, de 1 m de haut. Tige quadrangulaire. Feuilles radicales en rosettes, allongées, longuement pétiolées, irrégulièrement crénelées ou dentées ; feuilles caulinaires peu nombreuses, vite plus petites vers le haut, sessiles. Inflorescence lâche ; fleurs en faux verticilles pauciflores et distants ; corolle ayant jusqu'à 3 cm de long, violet bleuté, recourbée en faucille, beaucoup plus longue que le calice.
Floraison : V-VIII. Habitat : pelouses sèches, prés de fauche, bords des chemins. Distribution : Europe méridionale et Europe centrale, au nord jusqu'en Angleterre et Allemagne du Nord ; Asie Mineure, Caucase, Afrique du Nord, Amérique du Nord.

4. Scutellaire à casque

Toque bleue
Scutellaria galericulata
(Labiacées)
Plante de 60 cm de haut avec tige quadrangulaire, parsemée de poils sur les arêtes. Feuilles à court pétiole, ovales à lancéolées, cordiformes à la base et au bord denté. Fleurs à court pédoncule, groupées en quelques rares paires aux aisselles des feuilles supérieures ; corolle longue de 1-1,7 cm, bleue ; lèvre inférieure avec une tache blanche ; calice à poils courts, avec une écaille arrondie sur le dessus.
Floraison : VI-IX. Habitat : roseaux, laîches, prairies très humides, berges, forêts marécageuses. Distribution : Europe ; Asie, Amérique du Nord.
Espèces voisines : **Petite toque,** *S. minor* (feuilles entières, fleurs longues de 5-8 mm).

1|2

3|4

1. Brunelle commune

Prunella vulgaris
(Labiacées)

Plante très peu velue de 40 cm de haut, avec des stolons aériens. Feuilles pétiolées, ovales ; feuilles radicales en rosettes ; la paire supérieure de feuilles caulinaires est collée sous l'inflorescence. Fleurs violet bleuté, très serrées à l'extrémité de la tige, longues de 18 mm.

Floraison : VI-IX. Habitat : prairies, pâturages, pelouses des parcs, forêts claires. Distribution : Europe ; importée presque dans le monde entier.

Espèce voisine : **Brunelle à grandes fleurs,** *P. grandiflora* (corolle longue de 2-3 cm, paire supérieure de feuilles caulinaires éloignée de l'inflorescence, sans stolons), sur les pelouses sèches.

2. Lierre terrestre

Glechoma hederacea
(Labiacées)

Plante de 20 cm de haut avec tige rampante s'enracinant aux nœuds. Pousses florales dressées. Feuilles pétiolées, arrondies, au bord crénelé. Fleurs par 2 ou 3 aux aisselles des feuilles ; corolle longue de 1-2 cm ; calice à poils courts, ayant jusqu'à 7 mm de long.

Floraison : IV-VII. Habitat : forêts de feuillus, broussailles, lisières des forêts, prairies. Distribution : presque toute l'Europe ; Caucase, Sibérie.

3. Bugle rampante

Ajuga reptans
(Labiacées)

Plante de 30 cm de haut avec rosette de feuilles radicales et stolons aériens feuillés. Feuilles radicales pétiolées, presque entières ; feuilles caulinaires plus petites, sessiles. Fleurs en faux verticilles aux aisselles des feuilles caulinaires ; corolle longue de 1-1,5 cm.

Floraison : V-IX. Habitat : prairies, arbustes hauts, forêts de feuillus, broussailles. Distribution : presque toute l'Europe ; Caucase, Asie Mineure.

Espèce voisine : **Bugle de Genève,** *A. genevensis* (sans stolons, feuilles nettement dentées), aux endroits secs des régions plus chaudes.

4. Véronique petit-chêne

Veronica chamaedrys
(Scrofulariacées)

Plante de 40 cm de haut. Tige à deux rangées de poils, avec une touffe de feuilles à l'extrémité. Feuilles ovales, grossièrement dentées. Fleurs en grappes peu denses aux aisselles des feuilles caulinaires supérieures ; corolle étalée à 4 lobes, ayant jusqu'à 15 mm de large ; 2 étamines ; calice quadripartite.

Floraison : V-VIII. Habitat : prairies, broussailles, lisières des forêts, arbustes hauts. Distribution : presque toute l'Europe ; Asie septentrionale et Asie occidentale.

1

2|3

4

1. Véronique à longues feuilles

Veronica longifolia
(Scrofulariacées)
Plante d'1 m de haut. Feuilles pétiolées, ayant jusqu'à 12 cm de long et 3 cm de large, à dents de scie aiguës, groupées par 3 ou 4 en verticilles. Fleurs en grappes multiflores à l'extrémité de la tige et des rameaux latéraux ; calice quadripartite, velu ; tube de la corolle plus long que large ; 2 étamines.
Floraison : VII-VIII. Habitat : prairies marécageuses, forêts de bordure, arbustes le long des ruisseaux. Distribution : de la Belgique jusqu'à l'est de l'Europe ; Asie occidentale.
Espèce voisine : **Véronique en épi,** *V. spicata* (feuilles opposées à dents obtuses, inflorescence généralement non ramifiée), sur les pentes rocheuses et les pelouses sèches.

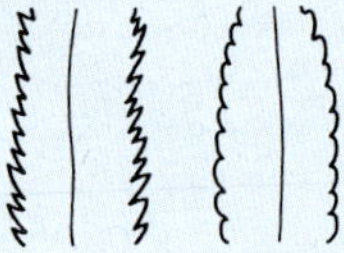

V. longifolia V. spicata

Bord des feuilles

2. Grassette commune !

Pinguicula vulgaris
(Utriculariacées)
Plante de 15 cm de haut. Feuilles vert jaunâtre, elliptiques, obtuses, à bord enroulé, glanduleuses (piège à insectes), en rosette. Fleurs solitaires à long pédoncule ; corolle violette avec un éperon long de 1,5-2,5 cm ; lèvre inférieure tachée de blanc.
Floraison : V-VII. Habitat : tourbières, bords des ruisseaux, sources. Distribution : Europe ; Sibérie, Caucase, Afrique du Nord, Amérique du Nord.
Espèce voisine : **Grassette des Alpes,** *P. alpina* (corolle blanche avec taches jaunes sur la lèvre inférieure), surtout en altitude.

3. Globulaire ponctuée !

Globularia punctata
(Globulariacées)
Plante de 30 cm de haut avec tige à 1 seul capitule. Feuilles radicales ovales en rosette ; feuilles caulinaires nombreuses et petites. Capitules larges de 1-2 cm ; corolle violet bleuté ; lèvre supérieure bifide, lèvre inférieure à 3 lobes allongés ; calice à dents lancéolées.
Floraison : V-VI. Habitat : pelouses sèches, pentes rocheuses ; sur sol calcaire. Distribution : sud de l'Europe centrale (limite nord : Belgique, Thuringe), zone méditerranéenne ; Caucase.

4. Mors du diable

Succisa pratensis
(Dipsacacées)
Plante de 80 cm de haut, avec tige poilue apprimée. Feuilles radicales pétiolées, larges et lancéolées ; feuilles caulinaires sessiles. Capitules sphériques d'environ 2 cm de large ; bractées involucrales lancéolées ; calicule à 4 dents marquées ; calice avec 4 à 5 soies noires de 1 mm de long ; corolle violet bleuté.

Induvie

S. pratensis

Floraison : VII-IX. Habitat : tourbières, prés d'épandage, pelouses maigres. Distribution : Europe ; Sibérie occidentale, Nord-Ouest africain.

1|2

3

4

1. Campanule à feuilles rondes

Campanula rotundifolia
(Campanulacées)
Plante de 50 cm de haut. Feuilles radicales réniformes arrondies, pétiolées, généralement desséchées à l'époque de la floraison ; feuilles caulinaires linéaires. Tige couverte à la partie inférieure de fins poils pubescents courts. Boutons floraux dressés ; corolle en clochette.
Floraison : VI-IX. Habitat : prairies, pelouses sèches, rochers. Distribution : presque dans toute l'Europe ; fait défaut dans le Sud méditerranéen.

C. rotundifolia

Feuilles radicales

Espèces voisines : **Campanule à feuilles de cochlearia,** *C. cochleariifolia* (jusqu'à 15 cm de haut, feuilles dentées plus larges et boutons floraux inclinés), dans les Préalpes. — **Campanule de Baumgarten,** *C. baumgartenii* (jusqu'à 1 m de haut, tige couverte de touffe de poils et feuilles plus larges), dans le Taunus et le Palatinat.

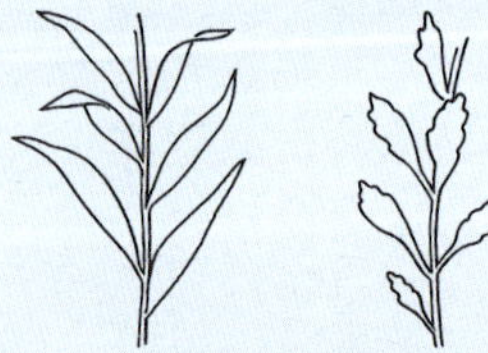

C. cochlearifolia C. baumgartenii

Feuilles caulinaires inférieures

2. Campanule étalée

Campanula patula
(Campanulacées)
Plante de 70 cm de haut. Tige dressée, ramifiée dans le haut. Feuilles radicales ovales s'atténuant en pétioles ; feuilles caulinaires étroites et lancéolées, sessiles. Fleurs en corymbe peu dense, un peu incliné ; corolle en forme d'entonnoir, fendue ; dents du calice plus courtes que tube de la corolle.
Floraison : VI-VIII. Habitat : prairies, bords des chemins, broussailles. Distribution : presque toute l'Europe, rare dans le nord-ouest de l'Allemagne.
Espèce voisine : **Campanule raiponce,** *C. rapunculus ;* se différencie par sa corolle dressée, moins profondément divisée et par ses sépales presque aussi longs que le tube de la corolle.

3. Campanule agglomérée

Campanula glomerata
(Campanulacées)
Plante à poils mous, de 50 cm de haut. Feuilles radicales et feuilles caulinaires inférieures allongées, cordiformes ou arrondies à la base, pétiolées ; feuilles du haut de la tige sessiles et plus petites. Fleurs en pelotons denses à l'extrémité de la tige ou en nombreux bouquets sur la moitié supérieure de la tige ; corolle violet bleuté de 4 cm de long.
Floraison : VI-IX. Habitat : prés de fauche secs, pelouses sèches, lisières des forêts. Distribution : presque toute l'Europe.
Espèce voisine : **Campanule cervicaire,** *C. cervicaria* (feuilles inférieures s'atténuant en pétioles, couvertes comme la tige de soies raides), sur prés humides, en Europe et en Asie ; très rare ailleurs, menacée d'extinction et protégée en France.

1

2|3

1. Campanule à feuilles de pêcher

Campanula persicifolia
(Campanulacées)
Plante généralement glabre atteignant 1 m de haut. Feuilles radicales larges et lancéolées, celles du haut plus étroites. Fleurs en grappe peu dense ; corolle en large clochette, longue de 4 cm. Floraison : VI-IX. Habitat : forêts claires et chaudes, broussailles, en bordure de bois. Distribution : Europe.

2. Campanule gantelée

Campanula trachelium
(Campanulacées)
Plante hérissée de poils rudes, de 1 m de haut, tige anguleuse. Feuilles inférieures cordiformes, à long pétiole, grossièrement et doublement dentées ; feuilles caulinaires lancéolées et sessiles. Fleurs à court pédoncule ; corolle en clochette étroite, longue de 3-4 cm, au bord velu ; dents du calice larges et lancéolées ; ovaire hérissé de poils raides. Floraison : VII-IX. Habitat : forêts claires de feuillus, broussailles, arbustes hauts. Distribution : Europe ; Afrique du Nord, Asie Mineure, Caucase.
Espèce voisine : **Campanule fausse-raiponce,** *C. rapunculoides* (dents du calice étroites et lancéolées, rebroussées), aux endroits plus secs dans les régions plus chaudes.

3. Miroir de Vénus

Legousia speculum-veneris **!**
(Campanulacées)
Plante à tige ramifiée, de 40 cm de haut. Feuilles lancéolées, à dents obtuses, celles du bas pétiolées et celles du haut sessiles. Corolle large de 2,5 cm, étalée, violette avec de larges lames ; dents du calice étroites et lancéolées.
Floraison : VI-VIII. Habitat : champs de céréales, friches, vignobles. Distribution : presque toute l'Europe ; se raréfiant vers le nord ; Afrique du Nord, Sud-Ouest asiatique.

4. Jasione des montagnes

Herbe bleue
Jasione montana
(Campanulacées)
Plante de 80 cm de haut, sans stolons. Tige feuillée dans sa partie inférieure. Feuilles allongées au bord ondulé. Fleurs en capitules terminaux larges de 2-3 cm ; corolle ayant jusqu'à 15 mm de long, divisée jusqu'à la base en 5 segments laciniés. Floraison : VI-VIII. Habitat : pelouses sèches, pinèdes sèches, pentes rocheuses. Distribution : presque toute l'Europe.

5. Raiponce orbiculaire

Phyteuma orbiculare
(Campanulacées)
Plante de 40 cm de haut. Feuilles radicales pétiolées, à base cordiforme ou arrondies, dentées ; feuilles caulinaires plus étroites, celles du haut sessiles. Fleurs groupées en un capitule terminal sphérique, multiflore ; tubes des corolles recourbés contre la pointe du capitule avant la floraison, longs de 1-1,5 cm ; dents du calice laciniées, soudées tout d'abord à la pointe et à la base, puis uniquement à la base. Floraison : V-VIII. Habitat : pelouses sèches, forêts claires ; sur sol calcaire. Distribution : Europe centrale.

1|2

3

4|5

1. Aster amelle

Marguerite de la Saint-Michel, œil-de-christ

Aster amellus **P**

(Composées tubuliflores)

Plante velue de 80 cm de haut. Feuilles radicales larges et lancéolées, pétiolées ; feuilles du haut de la tige allongées et sessiles. Capitules larges de 2-3 cm ; involucre long de 6-8 mm ; ligules violet bleuté ; fleurons jaunes. Fruits à aigrette.

Floraison : VIII-X. Habitat : pelouses sèches, broussailles, forêts claires ; sur sol calcaire. Distribution : presque toute l'Europe.

2. Bleuet des champs

Centaurea cyanus

(Composées tubuliflores)

Plante feutrée de poils, de 80 cm de haut. Feuilles étroites et lancéolées, les plus basses parfois pennatiséquées. Capitules solitaires ; involucre ovale ; bractées involucrales vertes avec un appendice triangulaire noir ; corolles du bord du capitule plus grandes.

Floraison : VI-X. Habitat : champs de céréales, friches. Distribution : Europe ; se raréfie de plus en plus.

3. Centaurée des montagnes

Bleuet vivace

Centaurea montana

(Composées tubuliflores)

C. montana

Paillette

Plante de 80 cm de haut avec tige ailée, couverte de poils arachnéens. Feuilles ovales à lancéolées, celles du bas parfois légèrement lobées. Capitules larges de 5 cm ; bractées involucrales frangées de cils brun noirâtre ; fleurs intérieures tubuleuses et asymétriques, violettes ; fleurs extérieures plus grandes et bleues.

Floraison : V-VIII. Habitat : prairies, broussailles, forêts ; sur sol calcaire. Distribution : régions montagneuses d'Europe.

4. Laitue vivace

Salade de lièvre

Lactuca perennis

(Composées liguliflores)

Plante glabre de 60 cm de haut. Feuilles vert bleuté, profondément divisées ; feuilles caulinaires embrassant la tige par 2 oreillettes rondes. Corolles toutes ligulées. Fruits longs de 1-1,5 cm, noirs, rugueux, à bec jaune ; involucre cylindrique.

Floraison : V-VII. Habitat : pentes rocheuses, murs, bords des chemins. Distribution : Europe, à partir de la Belgique, de l'Allemagne centrale et des Carpates.

5. Chicorée sauvage

Cichorium intybus

(Composées liguliflores)

Plante de 1,50 m de haut, avec tige très ramifiée. Feuilles radicales lancéolées, généralement extrêmement divisées ; feuilles caulinaires petites. Capitules larges de 3-5 cm ; corolles toutes ligulées ; involucre cylindrique ; bractées involucrales extérieures courtes et cétalées, bractées intérieures dressées. Fruits à courte aigrette.

Floraison : VII-X. Habitat : bords des chemins et des champs, friches, pâturages. Distribution : presque toute l'Europe.

1|2

3|4

5

1. Gentiane jaune

P

Gentiana lutea
(Gentianacées)
Plante herbacée à tige dressée, vivace, à souche robuste. 40-140 cm. Feuilles très larges, ovales, entières, opposées, plissées, engainant la tige ; longues jusqu'à 30 cm et larges jusqu'à 15. Plus nombreuses à la base de la plante. Hampe florale de 30-60 cm. Fausses ombelles de 3-10 fleurs dans l'aisselle de spathes en forme de coupe. Corolle divisée en 5 ou 6 parties. Fleurs de 20 mm, à pétales soudés, étroits, en étoile. Floraison : VI-IX. Habitat : alpages, forêts alpines clairsemées ; sols calcaires et peu humides ; buissons. Distribution : Est et Centre ; haute vallée de la Seine. Espèces voisines : *G. punctata* (vert grisâtre, lancéolée, fortement nervée ; fleurs à tube à lobes rétrécis à la gorge), dans les Alpes en altitude, et dans les Pyrénées. — **Gentiane ciliée,** *G. ciliata*. — **Gentiane printanière,** *G. verna*. — **Gentiane asclépiade,** *G. asclepiadea*. — *G. bavarica*. — *G. pyrenaica*.

2. Gagée jaune

P

Gagea lutea
(Liliacées)
Plante de 30 cm de haut avec une tige portant de 1 à 6 fleurs. 1 feuille radicale, large de 5-15 mm, plate et à pointe courte ; la feuille caulinaire la plus basse n'arrive pas à la hauteur de l'inflorescence. Pédoncules floraux glabres ; fleurs jaunes à 6 tépales obtus, étalés et espacés ; 6 étamines ; ovaire supère.
Floraison : IV-V. Habitat : forêts de feuillus, vergers, broussailles. Distribution : presque toute l'Europe ; à l'est jusqu'à l'Himalaya et le Japon, Caucase.

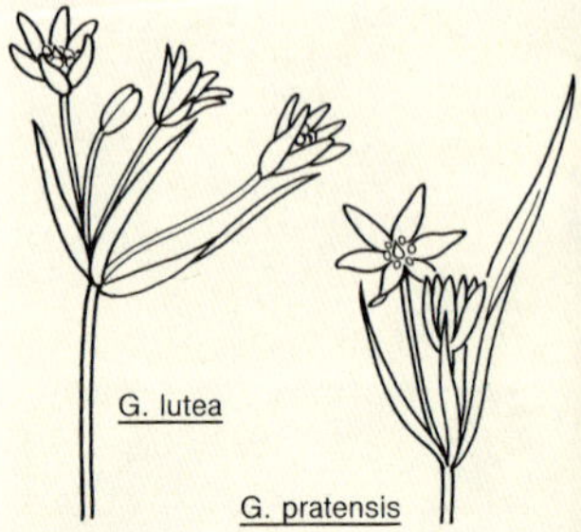

Inflorescences

Espèce voisine : **Gagée des prés,** *G. pratensis* (feuille radicale large de 2-6 mm, insensiblement rétrécie en pointe, feuille caulinaire la plus basse plus longue que l'inflorescence), dans les prés, les champs, les vignobles.

3. Ossifrage

!

Narthecium ossifragum
(Liliacées)
Plante glabre à tige dressée, de 30 cm de haut. Feuilles distiques, ensiformes, linéaires, devenant vite plus petites vers le haut pour finir par ressembler aux bractées des fleurs. Inflorescence en grappe peu dense ; fleurs à assez long pédoncule ; 6 tépales, verts extérieurement, jaunes intérieurement, étroits et lancéolés, persistants, ensuite repliés ; filets des étamines densément couverts de poils laineux ; anthères rouge brique ; ovaire supère. Le fruit est une mince capsule pointue.
Floraison : VII-VIII. Habitat : tourbières des landes ; sur sols non calcaires. Distribution : Europe occidentale, de l'Espagne à la Grande-Bretagne et la Scandinavie.

1|2

3

1. Jonquille à fleurs jaunes

Coucou

Narcissus pseudonarcissus **!**

(Amaryllidacées)

Plante glabre, souvent vert bleuté, de 40 cm de haut. Feuilles toutes radicales, herbacées, larges de 15 mm, charnues. Fleurs odorantes, habituellement solitaires sur une hampe avec une bractée membraneuse ; périgone à tube vert jaunâtre, long de 0,5-1,5 cm, formé par 6 tépales concrescents à la base dont les parties libres sont étalées et de couleur jaune clair ; à cela s'ajoute une longue couronne jaune foncé à bord ondulé (« trompette »). Fleurs larges de 5-10 cm ; 6 étamines ; ovaire infère (différence avec les liliacées) ; 1 style avec 3 stigmates. Le fruit est une capsule triloculaire.

Floraison : III-IV. Habitat : prairies, peuplements d'arbustes nains ; sur sols acides (pauvres en calcaire), riches en humus et pauvres en substances nutritives. Distribution : de l'Espagne à l'Angleterre, les Vosges, la région du lac de Constance et jusqu'en Vénétie ; souvent cultivée et échappée de culture (également variétés de jardin).

2. Iris faux-acore

Flambe d'eau

Iris pseudacorus **!**

(Iridacées)

Plante glabre de plus d'1 m de haut. Feuilles distiques, ensiformes, ayant jusqu'à 3 cm de large, plus courtes que la tige. Tige cylindrique, avec plusieurs fleurs enveloppées chacune d'une bractée. Fleurs jaunes avec 3 tépales extérieurs longs de 5-10 cm et sans poils étalés et 3 tépales intérieurs ne dépassant pas les stigmates ; 3 étamines (différence avec les liliacées et les amaryllidacées) ; ovaire infère (différence avec les liliacées) ; 1 style avec 3 stigmates bifides ressemblant à des pétales. Le fruit est une capsule triloculaire.

Floraison : VI-IX. Habitat : berges, fosses, roseaux ; sur sols riches en matières nutritives, limoneux, inondés en permanence ou temporairement. Distribution : presque toute l'Europe ; Asie, Nord-Ouest africain.

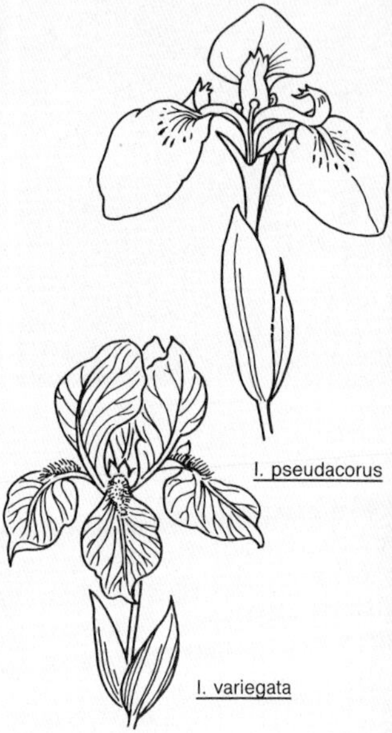

Fleurs

Remarque : chez toutes les autres espèces d'iris de nos régions, les tépales intérieurs sont infiniment plus longs que les stigmates. C'est le cas de toutes les espèces à fleurs bleues ainsi que de la très rare espèce à fleurs jaunes qu'est l'**Iris panaché,** *I. variegata,* dont les tépales extérieurs portent sur le dessus une raie de poils étalés et des nervures brunes.

1

2

1. Sabot de Vénus

Cypripedium calceolus **P**
(Orchidacées)
Plante de 70 cm de haut, souvent avec plusieurs tiges. Tige couverte de poils courts avec 3 à 5 larges feuilles elliptiques plissées, amplexicaules. Fleurs solitaires ou groupées jusque par 5 ; 2 tépales extérieurs et 2 intérieurs, un peu retordus et de couleur brun-rouge ; labelle (« sabot ») long de 3-4 cm, arrondi sur le devant, enflé en poche, jaune avec des points et des raies rougeâtres à l'intérieur. Floraison : V-VIII. Habitat : forêts claires, broussailles, peuplements de pins nains ; sur sol calcaire. Distribution : Europe centrale et Europe septentrionale ; très largement répandu mais très disséminé et extrêmement rare par endroits ; de la Laponie à l'Italie du Nord, des Pyrénées au Nord-Est asiatique.

2. Aristoloche clématite

Aristolochia clematitis
(Aristolochiacées)
Plante d'1 m de haut, avec tige dressée, non ramifiée. Feuilles profondément cordiformes, presque aussi longues que larges, obtuses avec nervures principales rayonnant du point d'insertion du pétiole. Fleurs en touffes aux aisselles des feuilles, dressées à la floraison ; périgone zygomorphe, long de 3-5 cm, jaune, élargi en poche à la base, tubuleux vers le haut puis étiré en labelle. Le fruit est une capsule piriforme pendante.
Floraison : V-VI. Habitat : vignobles, broussailles, murs, forêts claires ; sur sol calcaire. Distribution : Europe centrale ; échappée de culture et acclimatée dans les régions viticoles ; zone méditerranéenne, Asie Mineure, Caucase.

3. Nénuphar jaune

Nuphar luteum **!**
(Nymphéacées)
Plante aquatique avec de larges feuilles flottantes ovales, longues de 30 cm, entières, au bord ondulé ; pétioles des feuilles pouvant atteindre 2 m de long selon la profondeur de l'eau. Nervures des feuilles ramifiées 3 fois en fourche jusqu'au bord, sans liaisons transversales. Fleurs larges de 3-5 cm, tépales extérieurs généralement au nombre de 5, arrondis, jaunes ou orangés intérieurement, souvent verts extérieurement ; faux pétales pouvant avoir jusqu'à la moitié de la longueur des tépales, spatulés, jaunes, parfois au nombre de 20 ou plus ; étamines très nombreuses ; ovaire supère avec disque du stigmate en forme d'écu à 15 ou 20 rayons linéaires bruns. Fruit piriforme, long de 2-4 cm. Floraison : VI-VIII. Habitat : eaux stagnantes ou à cours lent, jusqu'à 3 m de profondeur, riches en matières nutritives et à

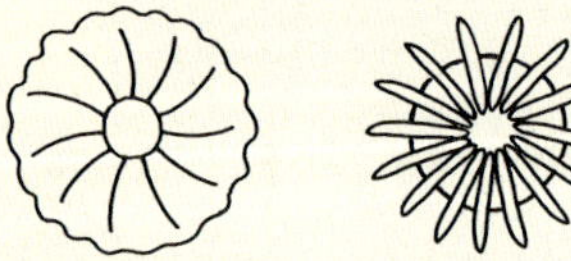

Disques des stigmates

fond limoneux. Distribution : Europe ; à l'est jusqu'au lac Baïkal, au sud jusqu'en Afrique du Nord ; Asie Mineure, Caucase. Espèce voisine : **Nénuphar nain,** *N. pumilum* (fleurs plus petites, feuilles ayant jusqu'à 10 cm de long, stigmate finement denté sur le bord, avec 8 à 10 rayons linéaires bruns), rare en Europe centrale.

1|2

3

1. Populage des marais

Souci d'eau
Caltha palustris
(Renonculacées)
Plante glabre de 50 cm de haut. Feuilles radicales à long pétiole, larges et cordiformes, obtuses, crénelées ou dentées, luisantes ; feuilles caulinaires devenant plus petites vers le haut, semblables mais sessiles. Fleurs ayant jusqu'à 5 cm de large, jaune d'œuf, brillantes. Fruits de près de 2,5 cm de long, étalés en étoile.
Floraison : III-IV. Habitat : bords des ruisseaux, prairies très humides, forêts de bordure. Distribution : Europe ; Asie septentrionale, Amérique.

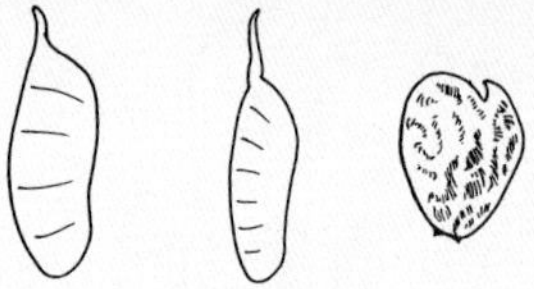

Fruits

2. Trolle d'Europe

Boule d'or
Trollius europaeus !
(Renonculacées)
Plante de 70 cm de haut. Feuilles radicales pétiolées, profondément palmées avec des lobes sciés ; feuilles caulinaires sessiles, trimères. Fleurs jaune clair à jaune d'or, ayant jusqu'à 3 cm de large, avec les pièces florales refermées sur elles-mêmes en boule. Fruits longs de près de 1,5 cm, rostrés.
Floraison : IV-VII. Habitat : prairies humides, broussailles, arbustes hauts. Distribution : presque toute l'Europe, dans le sud uniquement en montagne ; Asie, Amérique du Nord.

3. Adonis du printemps P

Adonis vernalis
(Renonculacées)
Plante de 50 cm de haut. Feuilles toutes caulinaires, plusieurs fois pennées avec des segments linéaires. Tige uniflore. Fleurs ayant jusqu'à 7 cm de large ; pièces florales extérieures larges et ovales, velues ; les 10 à 20 pièces florales intérieures (faux pétales) étroites et ovales, entières ou dentelées, jaune clair à jaune d'or. Fruits (akènes) de près de 5 mm, à nervures réticulées, velus, avec un bec crochu.
Floraison : IV-V. Habitat : landes, pinèdes claires ; surtout sur sol calcaire, mais aussi sur sols sablonneux. Distribution : de l'Espagne à la Suède, jusqu'au sud-est de l'Europe et à l'Oural ; rare en Europe centrale.

4. Anémone fausse-renoncule

Anemone ranunculoides
(Renonculacées)
Plante totalement glabre, de 30 cm de haut. Pas de feuilles radicales à l'époque de la floraison. 3 feuilles caulinaires dans le quart supérieur de la plante, sessiles ou à court pétiole, tripartites jusqu'à la base ; segments irrégulièrement et grossièrement découpés par des dents. Fleurs larges de 2-3 cm ; pédoncules floraux couverts de poils crépus ; 5 à 6 tépales, jaunes, velus extérieurement. Fruits petits, densément couverts de courts poils raides et droits.
Floraison : III-V. Habitat : forêts mixtes de feuillus (surtout forêts de bordure), haies ; sur sols humides, riches en humus. Distribution : du nord de l'Espagne à l'Oural ; pas partout commune en Europe centrale.

1

2|3

4

1. Ficaire fausse-renoncule

Ranunculus ficaria
(Renonculacées)
Plante glabre de 30 cm de haut avec tige couchée à dressée, s'enracinant souvent aux nœuds. Feuilles cordiformes, peu dentées à entières, charnues, à long pétiole ; feuilles caulinaires avec souvent des bulbilles aux aisselles. Fleurs larges de 2-3 cm, avec 3 à 7 sépales et 8 à 12 pétales allongés. Petits fruits sphériques, parsemés de poils, longs de 2-2,5 mm, avec un bec droit.
Floraison : III-V. Habitat : forêts de feuillus, broussailles, prairies humides. Distribution : Europe à l'exception de l'Arctique ; Afrique du Nord, Asie, Caucase.

2. Bouton d'or rampant

Ranunculus repens
(Renonculacées)
Plante de 50 cm de haut avec stolons aériens feuillés émettant des racines. Feuilles radicales 1 à 2 fois pennatiséquées, leur segment central étant toujours longuement pétiolé. Fleurs larges de 2-3 cm ; pédoncules floraux sillonnés ; sépales velus, dressés. Petits fruits plats, longs de 2,5-3,5 mm, glabres avec un bec court.
Floraison : V-VIII. Habitat : forêts, broussailles, prairies, champs, bords des chemins, friches. Distribution : Europe ; Asie, Afrique du Nord ; introduit presque dans le monde entier.

3. Petite douve

Ranunculus flammula
(Renonculacées)
Plante généralement extrêmement ramifiée, de 70 cm de haut. Feuilles entières, étroites et elliptiques à étroites et lancéolées. Fleurs ayant jusqu'à 1,5 cm de large ; réceptacle glabre. Petits fruits sphériques d'environ 1 mm de long, lisses avec un court bec droit.
Floraison : V-IX. Habitat : fosses, prairies humides, tourbières, sources. Distribution : presque toute l'Europe, à l'est jusqu'au Caucase et l'Oural ; Asie et Amérique du Nord.

4. Renoncule des montagnes

Ranunculus montanus
(Renonculacées)
Plante à tige velue, de 30 cm de haut. Feuilles radicales tri à pentalobées à segments ovales, découpés et dentés, glabres ou avec des poils épars ; feuilles caulinaires sessiles, palmées avec de 3 à 7 lobes. Fleurs ayant jusqu'à 3 cm de large ; pédoncule non sillonné ; sépales et réceptacle velus. Petits fruits arrondis, glabres, avec un bec crochu arqué.
Floraison : V-IX. Habitat : éboulis, pelouses de toutes sortes, forêts claires ; sur sol calcaire. Distribution : Alpes calcaires du Nord et du Centre, Préalpes, Forêt-Noire.

1|2

3

4

1. Renoncule âcre

Bouton d'or

Ranunculus acer

(Renonculacées)

Plante à poils apprimés ou presque glabre d'1 m de haut, avec une tige ramifiée. Feuilles radicales découpées jusqu'à la base en 5 à 7 parties avec segments trilobés dont les sommets se recouvrent ; feuilles caulinaires moins divisées, à court pétiole. Fleurs de 3 cm de large ; pédoncules non sillonnés ; sépales dressés. Petits fruits ronds, plats, glabres, avec un bec à peine arqué.

Floraison : V-IX. Habitat : prairies de toutes sortes, pâturages, bords des chemins. Distribution : Europe ; Asie au nord de l'Himalaya, Afrique du Nord.

2. Pigamon jaune

Thalictrum flavum

(Renonculacées)

Plante presque glabre de 2 m de haut, à tige anguleuse. Feuilles du bas pétiolées, du haut sessiles, toutes 2 à 3 fois pennatiséquées, avec souvent des stipules écailleuses aux ramifications ; folioles ovales, plus longues que larges, cunéiformes à la base, avec 2 à 4 lobes sur le devant, vert foncé sur le dessus, vert clair sur le dessous. Inflorescence ramifiée, jaune ; fleurs dressées, odorantes, avec 4 tépales lancéolés, longs de 2-4 mm, blanchâtres qui tombent dès le début de la floraison ; étamines nombreuses, dressées, jaunes. Petits fruits ronds, avec des côtes arrondies, glabres, longs de 1,5-2,5 mm, avec un reste de stigmate brun-rouge.

Floraison : VI-VIII. Habitat : prairies humides, rives, broussailles ; uniquement en plaine. Distribution : Europe ; Asie.

3. Grande éclaire

Herbe aux verrues

Chelidonium majus

(Papavéracées)

Plante à latex jaune orangé, d'1 m de haut. Tige dressée, ramifiée, à poils raides épars. Feuilles vertes sur le dessus, vert bleuté sur le dessous, pennatiséquées à pennées, celles du bas pétiolées, celles du haut sessiles. Fleurs jaunes, larges de 2-3 cm ; 2 sépales, tombés à la floraison ; 4 pétales ovales de même forme ; nombreuses étamines à filets épaissis en massue sur le devant, se rétrécissant en une courte tige au-dessous de l'anthère ; ovaire supère. Le fruit est une silique de 2-5 cm de long.

Floraison : V-X. Habitat : décombres, bords des chemins, murs, broussailles, forêts claires et parcs. Distribution : presque toute l'Europe ; Asie, Afrique du Nord.

4. Pavot cornu

Glaucium flavum

(Papavéracées)

Plante herbacée vivace. Peut atteindre 1 m. Feuilles rapprochées, vert grisâtre, glabres ou pubescentes, obovales, pennetilobées, à lobes dentés, se recouvrant partiellement. Tiges ramifiées portant plusieurs fleurs solitaires de 40 à 80 mm jaune orangé à jaune pâle. Capsules en forme de siliques très longues de 15 à 30 cm, courbées, à 2 loges, s'ouvrant de bas en haut par 2 valves. Bisannuel.

Floraison : VI-IX. Habitat : déblais, graviers, galets littoraux. Distribution : Midi, Ouest, rare en Belgique et très rare dans l'Est. Espèces voisines : **Pavot du Mexique,** *A. mexicana ;* **Pavot de Californie,** *E. california ;* **Pavot des Alpes,** *P. sendtneri.*

1|2

3|4

1. Sisymbre d'Autriche

Sisymbrium austriacum
(Crucifères)
Plante presque glabre de 80 cm de haut. Feuilles radicales pennatiséquées et pétiolées ; feuilles caulinaires devenant peu à peu plus petites, sessiles. Fleurs pédonculées, sans bractées ; sépales étalés, longs de 3,5-4,5 mm ; pétales longs de 6-8 mm. Fruits sans bec, dressés, longs de 3-6 cm, ayant jusqu'à 1 mm d'épaisseur, chaque valve portant 3 nervures.
Floraison : V-VII. Habitat : rochers, murs, friches ; sur sol calcaire. Distribution : Europe centrale et Europe méridionale.

2. Barbarée commune

Herbe de la Sainte-Barbe
Barbarea vulgaris
(Crucifères)
Plante glabre de 80 cm de haut. Feuilles radicales pennatiséquées au segment terminal arrondi, beaucoup plus grand que les autres ; feuilles caulinaires non divisées, grossièrement dentées. Fleurs pédonculées, sans bractées ; sépales dressés, longs de 2,5-3,5 mm ; pétales longs de 5-7 mm. Fruits à 4 angles obtus, sans bec, longs de 15-25 mm, chaque valve portant une nervure médiane marquée.
Floraison : V-VII. Habitat : décombres, rives, bords des chemins. Distribution : presque toute l'Europe ; Asie.

3. Vélar odorant

Erysimum odoratum
(Crucifères)
Plante d'1 m de haut, densément couverte de poils à 3 ou 4 branches sans tige. Feuilles entières à profondément dentées. Sépales longs de 6-9 mm, pétales de 12-18 mm. Siliques de 2,5-7 cm de long et 1-1,5 mm d'épaisseur, à 4 arêtes obtuses, couvertes de poils blancs, avec les arêtes vertes à maturité.
Floraison : VI-VII. Habitat : pelouses sèches, pentes rocheuses ; sur sol calcaire. Distribution : Europe centrale et orientale.

4. Alysson des montagnes

Passerage des montagnes
Alyssum montanum
(Crucifères)
Plante couverte de poils étoilés gris, atteignant 30 cm de haut. Feuilles ayant jusqu'à 2,5 cm de long, entières. Sépales longs de 2,5-3,5 mm et pétales de 4-6 mm. Fruits de 4-6 mm, presque circulaires, densément couverts de poils étoilés.
Floraison : III-V. Habitat : pentes rocheuses, pelouses sèches ;

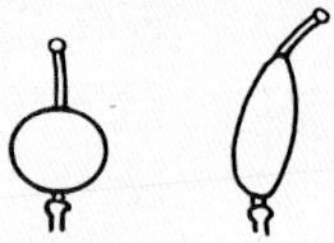

Silicules

généralement sur sol calcaire. Distribution : Europe centrale et Europe méridionale.

5. Drave faux-aizoon

Draba aizoides
(Crucifères)
Plante de 10 cm de haut, poussant en touffes peu denses. Feuilles persistantes, étroites, ciliées de soies raides. Tige sans feuilles. Sépales longs de 3-4 mm et pétales de 4-6 mm. Fruit allongé de 6-10 mm, glabre.
Floraison : IV-VIII. Habitat : fentes rocheuses, éboulis, pelouses lacunaires ; sur sol calcaire. Distribution : montagnes d'Europe centrale.

1|2

3|4

5

1. Biscutelle à lunettes

Lunetière

Biscutella laevigata

(Crucifères)

Plante de 70 cm de haut, souvent à plusieurs tiges, couverte de soies à presque glabre ; tige dressée, peu feuillée, ramifiée dans le haut. Feuilles radicales allongées et spatulées, pointues, s'atténuant en pétiole, réunies en une sorte de rosette, entières à puissamment dentées ; feuilles caulinaires plus petites, sans pétiole, avec deux glandes sessiles aux aisselles. Fleurs pédonculées en grappes peu denses, ramifiées ; pétales étroits et ovales, ayant jusqu'à 8 mm de long ; sépales vert jaunâtre de 3 mm de long. Fruit en forme de lunettes.

Floraison : III-IX. Habitat : fentes rocheuses, éboulis, associations des pelouses ; généralement sur sol calcaire. Distribution : presque toute l'Europe.

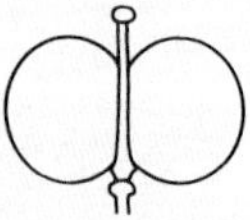

Fruit

2. Neslie paniculée

Vogélie paniculée

Neslia paniculata

(Crucifères)

Plante de 80 cm de haut avec une tige couverte dans le bas de poils étoilés rudes et uniquement ramifiée dans le haut. Feuilles rugueuses à poils étoilés, allongées et lancéolées, celles du bas pétiolées, celles du centre et du haut sessiles avec une base sagittée. Sépales dressés d'environ 1,5 mm de long, vert jaunâtre ; pétales longs de 2-2,5 mm, arrondis ou tronqués. Fruit sphérique, à peine comprimé, de 1,5-2 mm de long, portant en surface des côtes réticulées et tombant.

Floraison : V-VIII. Habitat : champs, bords des chemins, décombres, murs, talus. Distribution : Europe ; Asie occidentale, Afrique du Nord.

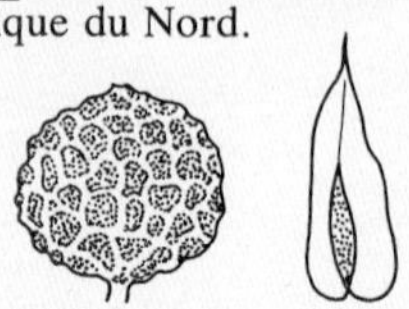

Fruits

3. Pastel des teinturiers

Guède

Isatis tinctoria

(Crucifères)

Plante d'1 m de haut, généralement avec des poils mous dans le bas et glabre dans le haut, avec une pruine bleutée. Feuilles entières à légèrement échancrées, rarement dentées, avec une large raie centrale blanche sur le dessus ; feuilles radicales pétiolées, desséchées à la floraison ; feuilles caulinaires sessiles, allongées à lancéolées, longues de 2-6 cm, cordiformes à sagittées à la base, avec des oreillettes pointues, généralement prolongées qui embrassent la tige. Inflorescence ramifiée ; pédoncules floraux très ténus, s'étalant vite ou s'arquant en arrière après la floraison ; sépales longs de 1,5-2 mm, persistants après la floraison ; pétales longs de 3-4 mm. Fruit pendant, elliptique à ovale, long de 8-25 mm et large de 3-7 mm, généralement noirâtre à maturité ; ailettes du fruit à la consistance d'éponge ou de liège, avec un bord épais et obtus.

Floraison : V-VII. Habitat : pentes rocheuses, murs, remblais, vignobles, limites des champs, rives. Distribution : vastes régions d'Europe à l'exception du nord ; Asie, Afrique du Nord.

1

2|3

1. Cresson amphibie

Rorippa amphibia
(Crucifères)
Plante généralement entièrement glabre, d'1,50 m de haut. Tige épaisse et sillonnée. Feuilles variables, entières à pennatiséquées, elliptiques à lancéolées. Sépales étalés de 2 mm de long ; pétales de 4-5 mm de long. Fruits allongés de 3-7 mm sur des pédicelles étalés à l'horizontale ou arqués vers le bas.
Floraison : V-VIII. Habitat : rives, prairies marécageuses, fosses. Distribution : Europe ; Asie septentrionale.

2. Diplotaxis à feuilles ténues

Diplotaxis tenuifolia
(Crucifères)
Plante glabre à pruine bleutée de 60 cm de haut. Feuilles généralement profondément pennatiséquées à segments étroits. Sépales longs de 4-5 mm, les deux externes étalés à l'horizontale, les deux internes presque dressés ; pétales longs de 8-15 mm. Fruit long de 2,5-3,5 cm et d'environ 2 mm de large, à long pédicelle ; graines disposées sur 2 rangs dans chaque loge.
Floraison : V-X. Habitat : friches, murs, bords des chemins, champs. Distribution : Europe ; Asie, Afrique du Nord.

3. Moutarde blanche

Sinapis alba
(Crucifères)
Plante velue dans le bas, de 80 cm de haut. Feuilles pétiolées, échancrées et dentées à pennatiséquées, celles du haut étant plus étroites. Sépales longs de 4-6 mm et pétales de 7-10 mm. Fruits étalés verticalement à horizontalement, longs de 2,5-4 cm, avec un bec marqué et de nombreux poils longs, raides et étalés.
Floraison : VI-X. Habitat : champs, décombres, bords des chemins. Distribution : Europe.

4. Réséda gaude

Reseda luteola
(Résédacées)
Plante glabre d'1,50 m de haut. Feuilles linéaires, entières. Pédoncules floraux ayant jusqu'à 1 mm de long ; 4 sépales ovales, longs de 3 mm ; 4 pétales jaune clair, celui du haut avec 4 à 5 lobes et les latéraux avec 3 lobes ; étamines nombreuses. Capsule de 4 mm de haut, presque sphérique, avec 3 dents.
Floraison : VI-X. Habitat : décombres, friches, bords des chemins, remblais. Distribution : Europe, zone méditerranéenne.

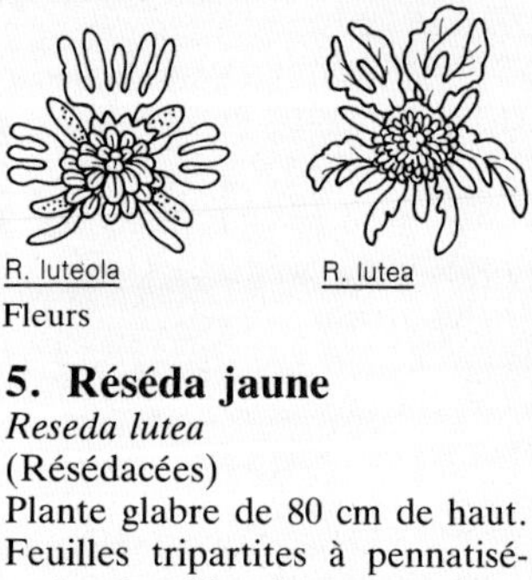

Fleurs

5. Réséda jaune

Reseda lutea
(Résédacées)
Plante glabre de 80 cm de haut. Feuilles tripartites à pennatiséquées, bordées de courtes dents cartilagineuses. Pédoncules floraux ayant jusqu'à 5 mm de long ; 6 sépales allongés, longs de 2-3 mm ; 6 pétales jaunâtres, les deux supérieurs longs de 4-5 mm et trilobés, ceux antérieurs plus simples ; étamines nombreuses. Capsule longue de 10-12 mm, allongée et à 3 dents.
Floraison : V-X. Habitat : décombres, bords des chemins et des champs, vignobles. Distribution : Europe, zone méditerranéenne.

1|2

3

4|5

1. Orpin âcre

Vermiculaire brûlante, poivre de muraille
Sedun acre
(Crassulacées)
Plante glabre gazonnante, atteignant 15 cm de haut, avec des pousses stériles, densément feuillées à l'époque de la floraison. Feuilles charnues, ovales, plates sur le dessus et bombées sur le dessous, obtuses, ayant jusqu'à 4 mm de long, à saveur poivrée. Fleurs pentamères ; sépales ovales, obtus, de 3 mm de long ; pétales longs de 7-10 mm, lancéolés, pointus, étalés à l'horizontale ; 10 étamines. Petits follicules étalés en étoile, de 3-5 mm. Floraison : VI-VIII. Habitat : pentes rocheuses, pelouses sèches, murs, décombres. Distribution : presque toute l'Europe ; Afrique du Nord, Asie.
Espèce voisine : **Orpin de Boulogne,** *S. sexangulare* (feuilles cylindriques ayant jusqu'à 6 mm de long et 1 mm d'épaisseur, avec un court éperon à la base).

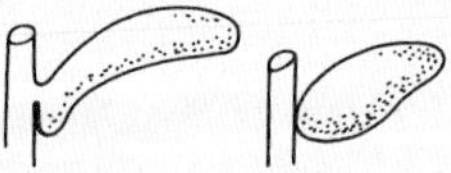

Feuilles

2. Orpin des murs

Sedum reflexum
(Crassulacées)
Plante de 40 cm de haut, avec tiges gazonnantes couchées prenant racine et pousses stériles à l'époque de la floraison. Feuilles étroites, longues de 1-2 cm et larges de 2-3 mm, presque cylindracées, à courte pointe épineuse, prolongées par un court éperon obtus, charnues, vert bleuté à vert grisâtre. Fleurs généralement pentamères ; sépales étroits et ovales, à courte pointe, longs de 3-6 mm ; pétales lancéolés, longs de 5-10 mm ; 10 étamines avec des filets ciliés à la base. Petits follicules longs de 5-7 mm, se terminant progressivement en pointe.
Floraison : VI-VIII. Habitat : murs, pentes sèches, roches, décombres, forêts claires ; sur sols pauvres en calcaire. Distribution : presque toute l'Europe ; Asie Mineure.

3. Dorine à feuilles alternes

Chrysosplenium alternifolium
(Saxifragacées)
Plante herbacée ne formant pas de touffes, atteignant 20 cm de haut, avec parfois des stolons aériens filiformes. Tige triangulaire. Feuilles à long pétiole, cordiformes arrondies, grossièrement crénelées en larges dents tronquées, couvertes de poils apprimés peu denses ou presque glabres, brillantes ; feuilles radicales groupées en une sorte de rosette ; feuilles caulinaires alternes. Fleurs petites, jaune verdâtre, entourées de nombreuses bractées jaunâtres. 4 sépales, pas de pétales ; généralement 8 étamines. Capsule en forme de gobelet, déjà ouverte avant maturité complète du fruit.

Floraison : IV-VI. Habitat : sources, bords des ruisseaux, forêts ombragées, broussailles, arbustes hauts. Distribution : Europe à l'exception des régions les plus méridionales ; Caucase.
Espèce voisine : **Cresson doré ou dorine à feuilles opposées,** *C. oppositifolium* (tige quadrangulaire, feuilles caulinaires opposées, feuilles radicales sans base cordiforme).

1|2

3

1. Aigremoine eupatoire
Agrimonia eupatoria
(Rosacées)
Plante à poils étalés, d'1,50 m de haut. Feuilles pennées avec de grandes folioles alternant avec de toutes petites, grossièrement dentées. Fleurs à très court pédoncule ; calice en forme de toupie, dur à maturité, creusé de 10 sillons longitudinaux, avec dans le haut de nombreuses soies arquées en crochets vers l'avant ; pétales étroits et ovales, longs de 4-6 mm. Fruit penché.
Floraison : VI-IX. Habitat : forêts claires, haies, prairies maigres ; généralement sur sol calcaire. Distribution : Europe.

A. eupatoria

Fruit

2. Potentille rampante
Quinte-feuille
Potentilla reptans
(Rosacées)
Plante peu velue, de 20 cm de haut, avec tige couchée s'enracinant aux nœuds. Feuilles à long pétiole, pentamères ; folioles ovales à bord denté. Fleurs pentamères, solitaires, à long pédoncule ; sépales du calicule ovales, obtus ; sépales du calice ovales, pointus.
Floraison : VI-IX. Habitat : fosses, bords des chemins, murs, jardins. Distribution : Europe ; Asie, Afrique du Nord.

3. Potentille ansérine
Argentine
Potentilla anserina
(Rosacées)
Plante velue de 15 cm de haut, avec tige rampante s'enracinant aux nœuds. Feuilles radicales ayant jusqu'à 20 cm de long, pennées ; folioles allongées, glabres sur le dessus, couvertes de poils soyeux argentés sur le dessous. Fleurs pentamères solitaires, à long pédoncule, larges de 2-3 cm ; sépales du calicule trilobés, avec des poils soyeux ; sépales du calice de même longueur, pointus, non divisés.
Floraison : V-IX. Habitat : pâturages, bords des chemins, friches. Distribution : presque dans le monde entier.

4. Potentille printanière
Potentilla verna
(Rosacées)
Herbacée vivace, rampante, panicule, poussant en petits tapis, de 5 à 15 cm. Pédoncule de 1 à 2 cm. Tige rougeâtre, velue. Feuilles basales à long pétiole, à limbe digité à 3 à 7 folioles élargies, dentées au sommet, vert foncé. Feuilles caulinaires supérieures plus petites que les inférieures, supérieures sessiles et entières. Fleurs, de 15 mm, pétales émarginés ne se couvrant pas. 3 à 5 fleurs par tige. Pétales ovales.
Floraison : III-VI. Habitat : sols calcaires, chemins, murs, pelouses. Distribution : Europe.

5. Potentille à sept feuilles
Potentilla heptaphylla
(Rosacées)
Plante à poils argentés, de 15 cm de haut. Tige et calice colorés de rouge. Feuilles radicales avec (5 à) 7 folioles, à long pétiole ; folioles allongées, rétrécies à la base, avec 2-6 dents de chaque côté. Fleurs pentamères, larges de 1-1,5 cm ; sépales du calicule et du calice lancéolés.
Floraison : IV-VII. Habitat : pelouses sèches, forêts claires. Distribution : Europe centrale.

1|2

3

4|5

1. Cytise noircissant

Lembotropis nigricans
(Papilionacées)

Plante d'1 m de haut, lignifiée à la base. Pousses devenant noires en séchant. Rameaux dressés, finement cannelés, densément couverts de poils apprimés. Feuilles trimères, pétiolées ; folioles ovales de plus de 2 cm de long, glabres et vert foncé sur le dessus, avec des poils appliqués et vert pâle sur le dessous. Fleurs en longues grappes dressées sans feuilles ; pédoncules floraux couverts de poils apprimés, de même que le calice bilabié en forme de courte cloche ; incision entre les deux lèvres beaucoup plus profonde que l'incision de la lèvre supérieure ; corolle longue de 1 cm, glabre, odorante ; tous les pétales à peu près de même longueur. Fruit de plus de 3 cm de long, plat, densément couvert de poils appliqués.

Floraison : VI-VIII. Habitat : pentes sèches, forêts claires, broussailles. Distribution : vastes régions d'Europe, fait défaut à l'ouest du Rhin et dans la vallée du Rhône ; à l'est jusqu'en Russie centrale.

Remarque : souvent classé aussi dans le genre *Cytisus* avec lequel cette espèce a en commun le court calice bilabié en forme de cloche. Elle s'en distingue cependant par ses longues inflorescences sans bractées.

L. nigricans   Chamaecytisus

Calices

Le genre *Chamaecytisus* **(Cytise nain),** appelé parfois aussi communément genêt ou cytise, se différencie par son court calice bilabié en forme de tube.

2. Genêt herbacé

Chamaespartium sagittale
(Papilionacées)

Plante gazonnante, de 30 cm de haut, parsemée de poils étalés, aux petites tiges ligneuses rampantes, capables de s'enraciner. Rameaux dressés, généralement simples, formés de 3 à 6 segments avec des ailes membraneuses dures, interrompues aux nœuds. Feuilles sans stipules, s'insérant isolément sans pétiole alternativement à gauche et à droite des nœuds, longues de 1-2 cm, lancéolées, tombant vite. Fleurs très serrées ; calice bilabié en cloche ; incision entre les deux lèvres aussi ou moins profonde que celle de la lèvre supérieure ; corolle longue de 10-15 mm ; pétales tous à peu près de la même

Calice

C. sagittale

longueur. Fruit (gousse) plat, long de 1,5-2 cm, densément velu.

Floraison : V-VII. Habitat : landes, pelouses sèches, forêts claires ; sur sols pauvres en calcaire. Distribution : Europe méridionale de l'Espagne aux Balkans, assez disséminé en Europe centrale de la France à la Hongrie.

Remarque : souvent classé aussi dans le genre *Genista* **(Genêt)** avec lequel cette espèce a en commun son calice profondément bilabié avec la lèvre supérieure profondément bifide. Le genêt herbacé se différencie cependant de ce genre par ses rameaux ailés.

1

2

1. Ajonc d'Europe

Ulex europaeus
(Papilionacées)
Plante ligneuse d'1 à 3 m. Tige dressée. Rameaux verts, striés, non flexibles. Feuilles sous forme d'épines fortes, simples ou tripartites, supérieures linéaires en forme d'alène, rigides, épineuses, piquantes. Fleurs odorantes, à symétrie bilatérale (15 mm). Pétales séparés, dépassant le calice. Fleurs dans l'aisselle des feuilles supérieures.
Floraison : II-VI. Habitat : terrains siliceux, bords de chemins, buissons secs, landes, forêts. Distribution : ouest et centre de la France, sud-ouest de l'Europe (Espagne), Irlande, sud de l'Angleterre, Italie.
Espèces voisines : **Ajonc de Provence,** *U. parviflorus*. — **Ajonc nain,** *U. minor*.

2. Genêt d'Espagne

Sparticum junceum
(Papilionacées)
Arbrisseau de 2 à 3 m, rameaux raides, dressés, cylindriques, non épineux, légèrement striés, glabres. Feuilles simples, entières. Grandes fleurs (25-30 mm), odorantes. Étendard arrondi, carène pointue dépassant les ailes.
Floraison : V-VIII. Habitat : sols pauvres, rocailleux ou déforestés, côteaux. Distribution : Midi méditerranéen.

3. Mélilot officinal

Melilotus officinalis
(Papilionacées)
Plante de 1,5 m de haut. Feuilles trimères, pétiolées ; folioles au bord denté, celle du centre avec un pétiolule nettement plus long que les autres. Fleurs pendantes ; corolle longue de 5,5-7 mm. Fruit ovale, glabre, long de 3-4 mm avec des sillons transversaux.
Floraison : V-X. Habitat : bords des chemins et des champs, friches, déblais. Distribution : Europe ; Asie.

5. Genêt à balais

Sarothamnus scoparius
(Papilionacées)
Arbuste ligneux, de 60 cm à 2 m. Tiges raides, dressées, striées, anguleuses, vertes. Feuilles soyeuses, digitées tripartites, supérieures simples et entières, inférieures petites et trifoliées, soyeuses face intérieure. Fleurs assez grandes (25-30 mm), isolées ou par deux, axillaires, odorantes. Étendard large, redressé, à style long, très enroulé, sortant de la carène. Gousses comprimées, à bords couverts de longs poils hirsutes.
Floraison : V-VI. Habitat : lieux incultes, landes pauvres sur sable, bords de chemins, lisières de bois, clairières, alpages. Distribution : Nord et Ouest de la France, en Europe.
Espèces voisines : **Cytise faux ébénier,** *C. Laburnum*. — **Genêt velu,** *G. pilosa*. — **Genêt des teinturiers,** *G. tinctoria*. (photo 4). — **Genêt d'Allemagne,** *G. germanica*. — **Cytise noircissant,** *L. nigricans*. — **Genêt épineux,** *G. hispanica*. — **Genêt herbacé,** *C. sagittale*.

6. Astragalus Cicer

Plante vivace à tiges couchées. Fleurs jaune pâle, serrées en tête ovale. Feuilles à 9-25 folioles elliptiques larges d'environ 5 mm, arrondies au sommet.
Floraison : VI-VII. Distribution : Est et Sud-Est. Rare mais présent parfois dans le Midi méditerranéen.

1|2

3|4

5

1. Gesse des prés

Lathyrus pratensis
(Papilionacées)
Plante à tige grimpante, d'1 m de haut. Feuilles à 1 seule paire de folioles lancéolées à nervures longitudinales et à vrilles ramifiées ou simples. Fleurs légèrement odorantes ; corolle ayant jusqu'à 2 cm de long. Fruit allongé de près de 4 cm de long, noirâtre, glabre à maturité.
Floraison : V-VIII. Habitat : prairies, broussailles, bords des chemins. Distribution : presque toute l'Europe ; Asie, Afrique du Nord.

2. Trèfle doré

Trifolium aureum
(Papilionacées)
Plante poussant en touffes et de 30 cm de haut. Feuilles pétiolées ; folioles ayant jusqu'à 2 cm de long, presque sans pétiolule ; stipules arrondies ou rétrécies à la base. Inflorescences de 20 à 40 fleurs, larges de 1-1,5 cm, pédonculées ; pédoncules floraux plus courts que le tube du calice ; corolle longue de 5-7 mm, brun clair après la floraison, non caduque ; étendard échancré sur le devant.
Floraison : VI-VII. Habitat : prairies sèches, bords des chemins, broussailles, forêts claires ; sur sols pauvres en calcaire. Distribution : vastes régions d'Europe, uniquement en montagne dans le sud ; Caucase, Asie Mineure.
Espèces voisines : **Trèfle jaune,** *T. campestre* (foliole centrale à long pétiolule, corolle longue de 4-5 mm), sur sols renfermant du calcaire. — **Trèfle douteux,** *T. dubium* (inflorescences d'au plus 15 fleurs, larges de 0,6-0,8 cm), facile à confondre avec la luzerne (→ 3).

3. Luzerne lupuline

Minette
Medicago lupulina
(Papilionacées)
Plante de 50 cm de haut. Feuilles radicales desséchées à l'époque de la floraison ; feuilles caulinaires trimères avec la foliole terminale à plus long pétiolule que les autres ; folioles ovales, finement dentées à la pointe, avec des poils apprimés tout au moins sur le dessous. Fleurs nombreuses, en capitules sphériques à ovoïdes de 0,4-0,6 cm de large ; corolle longue de 2-3,5 mm, restant jaune même fanée, caduque. Fruits réniformes de 3 mm de long, brun noirâtre à maturité.
Floraison : V-X. Habitat : prés de fauche et bords des chemins, décombres. Distribution : presque toute l'Europe ; introduite aujourd'hui presque dans le monde entier par sa culture.

4. Vulnéraire

Anthyllis vulneraria
(Papilionacées)
Plante de 50 cm de haut. Feuilles radicales simples ou peu pennées ; feuilles caulinaires généralement plus divisées ; folioles allongées, entières. Fleurs en capitules avec de larges bractées ayant de 3 à 7 lobes ; calice densément velu, un peu renflé ; corolle longue de 1-2 cm, jaune clair à rougeâtre. Fruit enfermé dans une induvie.
Floraison : V-X. Habitat : pentes rocheuses, prairies maigres, bords des chemins, talus des routes ; surtout sur sol calcaire. Distribution : Europe ; à l'est jusqu'au Caucase et après le Proche-Orient, au sud jusqu'en Afrique du Nord.

1|2

3|4

1. Coronille engainante

Coronilla vaginalis
(Papilionacées)
Plante glabre de 20 cm de haut, avec tige lignifiée dans le bas, généralement très ramifiée, couchée à dressée. Feuilles à court pétiole, avec 5 à 13 folioles ovales, vert bleuté, 1 cm de long, presque sans nervures et au bord clair ; stipules presque aussi grandes que les folioles, concrescentes et engainantes. Fleurs odorantes, groupées jusqu'à 10 en inflorescences à long pédoncule ; corolle atteignant 1 cm de long ; pédoncules floraux à peu près aussi longs que le calice. Fruits penchés, droits, nettement resserrés entre les graines, à 6 arêtes dont 4 à ailes ondulées.
Floraison : VI-VIII. Habitat : éboulis, pelouses lacunaires, forêts claires ; toujours sur sol calcaire. Distribution : Europe méridionale, sud de l'Europe centrale.
Espèce voisine : **Hippocrépis à toupet,** *Hippocrepis comosa* (folioles plus étroites, sans bord clair, fruit plat divisé en articles ayant la forme d'un fer à cheval), commun dans toute l'Europe.

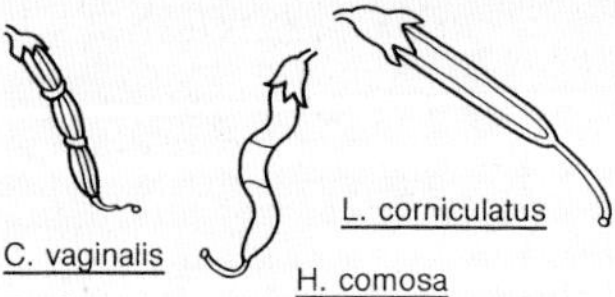

Fruits

2. Lotier corniculé

Lotus corniculatus
(Papilionacées)
Plante de 40 cm de haut. Feuilles pentamères, les trois folioles du haut à court pétiolule et les deux autres sessiles. Fleurs en capitules ombelliformes pédonculés ; corolle ayant jusqu'à 1,5 cm de long, jaune foncé souvent lavée de rougeâtre. Fruits de 2 cm de long, ronds, droits, brun noisette à maturité.
Floraison : V-X. Habitat : pelouses sèches, prés de fauche, bords des chemins, forêts claires. Distribution : presque toute l'Europe ; Asie, nord et est de l'Afrique.

3. Tétragonolobe siliqueux

Tetragonolobus maritimus subsp. siliquosus
(Papilionacées)
Plante de 15 cm de haut avec tige couchée à dressée. Feuilles pentamères ; folioles un peu charnues, presque sans pétiolule, les 3 supérieures rapprochées de la tige, les 2 inférieures s'insérant directement sur la tige. Fleurs solitaires à long pédoncule ; calice d'environ 1,5 cm de long ; corolle longue de 2,5-3 cm, jaune pâle. Fruit long de 4-5 cm et épais de 0,3-0,5 cm avec 4 ailes longitudinales d'environ 1 mm de large.
Floraison : V-VI. Habitat : pelouses sèches, prés d'épandage, forêts claires. Distribution : vastes régions d'Europe, surtout dans le sud ; Afrique du Nord.
Remarque : ne se différencie du genre *Lotus* **(Lotier)** que par son fruit à 4 ailes ; figure d'ailleurs dans de nombreux ouvrages sous le nom de *Lotus siliquosus*.

4. Rue fétide

Ruta graveolens
(Rutacées)
Sous-arbrisseau gris vert. Feuilles triangulaires à nombreuses folioles. Fleurs (15 mm) à 4 pétales pourvus de petites dents intérieures, en grappes terminales. Capsule globuleuse.
Floraison : VI-VII. Habitat : sols rocheux, vieux murs. Distribution : Midi.
Espèce voisine : **Rue des murs,** *R. muraria* (à frondes 2 fois pennées, à segments peu nombreux, plus ou moins dentés).

1|2

3|4

1. Euphorbe petit-cyprès

Euphorbia cyparissias +
(Euphorbiacées)
Plante glabre à suc laiteux de 50 cm de haut. Tige avec jusqu'à 20 rameaux stériles extrêmement feuillés et 10 rameaux florifères. Feuilles linéaires, entières, ayant jusqu'à 4 cm de long et 3 mm de large. Fleurs très petites (dégénérées) en ombelles à rayons ramifiés et fourchus, groupées dans des involucres en forme de gobelets et pourvus de glandes dont les bractées jaunes deviennent ensuite rougeâtres, ce qui leur donne l'aspect de « fausses fleurs ».
Floraison : IV-VII. Habitat : pelouses sèches, bords des chemins, forêts claires. Distribution : presque toute l'Europe.

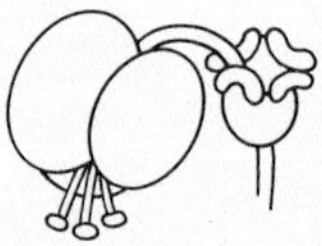

Partie de l'inflorescence
avec cupule, glandes et fruit

2. Polygala petit-buis

Polygala chamaebuxus
(Polygalacées)
Sous-arbrisseau de 30 cm de haut, aux rameaux lignifiés. Feuilles coriaces, persistantes, étroites et ovales. Fleurs ayant jusqu'à 15 mm de long ; sépales très inégaux, les 3 externes petits dont un en éperon, les 2 internes grands, à l'aspect de pétales ; pétales inégaux, les 2 supérieurs blancs à jaunes ou rougeâtres, celui du bas jaune vif, devenant pourpre à brun-rouge en se fanant.
Floraison : III-VI. Habitat : pentes rocheuses, pelouses sèches, broussailles claires, forêts. Distribution : vastes régions d'Europe, plus rare dans le sud.

3. Millepertuis perforé

Herbe à mille trous
Hypericum perforatum
(Hypéricacées)
Plante glabre d'1 m de haut. Feuilles ovales à linéaires avec d'innombrables points transparents. Fleurs pentamères ; sépales étroits, parfois ponctués de noir comme les pétales, ayant jusqu'à 15 mm de long ; étamines nombreuses, réunies en 5 groupes ; 3 à 5 styles.
Floraison : VI-IX. Habitat : pentes rocheuses, pelouses sèches, prairies, forêts claires. Distribution : Europe à l'exception de l'extrême-nord ; Asie occidentale, Afrique du Nord.

4. Impatiente

Ne-me-touchez-pas
Impatiens noli-tangere
(Balsaminacées)
Plante glabre d'1 m de haut. Feuilles alternes à grosses dents ; dents avec une fine pointe plaquée, bordées de glandes pédicellées. Fleurs à éperon, solitaires ou jusque par 4 aux aisselles des feuilles, sur des pédoncules arqués en arrière ; corolle d'environ 3 cm de long avec le grand pétale piqueté de rouge. Fruit long de 2-3 cm, en forme de massue, explosant au toucher à maturité et catapultant ses graines.
Floraison : VII-IX. Habitat : forêts humides, broussailles, coupes de bois. Distribution : presque toute l'Europe ; à l'est jusqu'au Japon.

1

2

3|4

1. Hélianthème commun

Herbe d'or

Helianthemum nummularium

(Cistacées)

Arbrisseau nain velu, de 50 cm de haut. Feuilles opposées, allongées, toujours avec des stipules. Fleurs ayant jusqu'à 3 cm de large ; pétales ovales ; sépales ovales, blanchâtres avec de fortes nervures.

Floraison : V-IX. Habitat : pentes rocheuses, pelouses sèches. Distribution : Europe ; Afrique du Nord, Asie Mineure.

Espèce voisine : **Hélianthème blanchâtre,** *H. canum* (feuilles sans stipules, feutrées de poils gris sur le dessous).

2. Violette tricolore subalpine

Pensée sauvage

Viola tricolor subsp. subalpina

(Violacées)

Plante de 30 cm de haut. Tige feuillée ; feuilles inférieures arrondies à base cordiforme et à bord crénelé ; feuilles supérieures allongées, rétrécies à la base ; stipules profondément pennatifides avec grand segment terminal. Fleurs ayant jusqu'à 3 cm de haut, légèrement odorantes ; pétales beaucoup plus longs que le calice, jaunes à bleus, ceux du bas striés de foncé et le plus bas avec une tache jaune vif.

Floraison : VI-VIII. Habitat : prairies. Distribution : régions montagneuses d'Europe.

3. Onagre bisannuelle

Oenothera biennis

(Oenothéracées)

Plante d'1 m de haut, souvent marquée de rouge. Tige un peu anguleuse dans le haut, feuillée. Feuilles radicales ovales et allongées, s'atténuant en pétiole, sinuées et dentées ou presque entières ; feuilles caulinaires nombreuses, plus petites. Fleurs longues de 2-3 cm, odorantes, solitaires aux aisselles des feuilles ; sépales rebroussés, plus courts que le long ovaire infère ; pétales beaucoup plus longs que les étamines. Fruits allongés de près de 3 cm, à 4 arêtes obtuses.

Floraison : VI-X. Habitat : remblais des voies ferrées, talus des routes, bords des chemins, friches. Distribution : Europe ; introduit depuis le XVIIe siècle.

4. Panais cultivé

Pastinaca sativa

(Ombellifères)

Plante à poils épars, d'1,50 m de haut. Feuilles 1 fois pennées avec 2 à 7 paires de segments irrégulièrement crénelés à sciés, segment terminal souvent trilobé ; feuilles les plus hautes souvent réduites au limbe. Fleurs en ombelles ; pas d'involucre ni d'involucelle ; pétales jaunes, de même grandeur, long de 0,5 mm et larges de 1 mm, arqués vers l'extérieur. Fruit comprimé en forme de lentille, long de 5-7 mm, brun-jaune à maturité, avec des ailes étroites.

Floraison : VII-IX. Habitat : prairies, bords des chemins, friches. Distribution : presque toute l'Europe ; Caucase, Sibérie.

1

2

3|4

1. Sucepin

Monotropa hypopitys
(Pirolacées)
Plante de 30 cm de haut, de teinte jaunâtre à rougeâtre, sans parties vertes, qui vit en parasite sur les racines des plantes ligneuses ou se nourrit de matières végétales en décomposition. Tige portant des feuilles analogues à des écailles. Fleurs solitaires ou à plusieurs à l'extrémité de la tige ; inflorescence penchée à l'époque de la floraison, redressée à celle de la fructification ; sépales et pétales libres, tombant après la floraison ; intérieur des pétales, filets des étamines et style velus. Fruit plus haut que large.
Floraison : VI-VIII. Habitat : forêts de conifères. Distribution : presque toute l'Europe ; Asie, Amérique du Nord.
Espèce voisine : **Monotrope « suce-chêne »**, *M. hypophegea* (pétales, filets des étamines et style glabres), semble préférer les feuillus.

2. Primevère acaule

Primula vulgaris !
(Primulacées)
Plante acaule de 15 cm de haut. Feuilles ayant jusqu'à 15 cm de long, allant en se rétrécissant vers la base, vert clair et glabres sur le dessus, vert-gris et velues sur le dessous, finement dentées sur le bord, enroulées vers le bas quand elles sont jeunes. Fleurs émergeant de la rosette sur de longs pédoncules, ayant jusqu'à 3 cm de large ; calice long de près de 15 mm avec des angles saillants ; corolle aux lobes étalés à plat, échancrés sur le devant. Le fruit est une capsule de 5-10 mm de long.
Floraison : II-V. Habitat : forêts claires (de feuillus), broussailles, prairies maigres. Distribution : vastes régions d'Europe, surtout dans le sud et l'ouest ; Caucase, Asie Mineure, Afrique du Nord.

3. Primevère officinale

Coucou
Primula veris !
(Primulacées)
Plante couverte de poils veloutés, de 30 cm de haut. Feuilles toutes radicales, ridées, allongées et ovales, vert foncé sur le dessus, vert clair sur le dessous, avec le bord irrégulièrement denté. Fleurs odorantes, en ombelle à long pédoncule ; dents du calice ovales ; corolle ayant jusqu'à 15 mm de large, tubulaire à la base et en forme d'écuelle dans le haut avec des lobes écartés verticalement et tachés d'orange à la gorge. Le fruit est une capsule ovale de 5-10 mm de long.
Floraison : IV-V. Habitat : prairies sèches et broussailles. Distribution : presque toute l'Europe ; Asie.
Espèce voisine : **Primevère élevée,** *P. elatior* (fleurs plus claires, non odorantes, dents du calice lancéolées, lobes de la corolle étalés), dans les prairies et les forêts humides.

1

2

3

1. Lysimaque à fleurs en épi

Lysimachia thyrsiflora **P**
(Primulacées)
Plante de 60 cm de haut avec généralement une tige dressée non ramifiée, parsemée de poils épars. Feuilles opposées, celles du haut étroites et lancéolées, longues de près de 10 cm, sessiles, un peu enroulées sur le bord, ponctuées de rouge et légèrement velues. Fleurs en denses inflorescences pédonculées, longues de 1-3 cm, aux aisselles des feuilles caulinaires centrales ; 5 à 6 sépales, longs de 2,5-4,5 mm, étroits et lancéolés, glabres ; 5 à 6 pétales, longs de 3-6 mm, linéaires, ponctués de rouge vers la pointe. Capsule d'environ 3 mm de long, ponctuée de rouge.
Floraison : V-VII. Habitat : rives, fosses, prairies marécageuses et prés d'épandage. Distribution : Europe septentrionale (à peu près au nord des Alpes) ; Sibérie, Amérique du Nord.

2. Lysimaque nummulaire

Monnoyère
Lysimachia nummularia
(Primulacées)
Plante glabre de 5 cm de haut, avec tige rampante de près de 50 cm de long qui s'enracine à sa partie inférieure. Feuilles opposées, arrondies à ovales, pétiolées, souvent à base cordiforme, ponctuées de rouge. Fleurs solitaires aux aisselles des feuilles médianes ; pédoncules floraux à peu près aussi longs que les feuilles ; 5 sépales, longs de 7-10 mm, étroits et cordiformes, ponctués de rouge ; 5 pétales longs de 9-16 mm, ovales, ponctués de rouge.
Floraison : V-VII. Habitat : prairies humides, jardins, fosses, forêts de bordure, lisières des forêts. Distribution : presque toute l'Europe ; introduite dans beaucoup de régions du monde.
Espèce voisine : **Lysimaque des bois,** *L. nemorum* (tige dressée, feuilles ovales parsemées de points transparents, fleurs aux aisselles des feuilles supérieures, sépales linéaires, pétales lancéolés, non ponctués de rouge), dans les forêts et les broussailles.

3. Lysimaque commune

Chasse-bosse
Lysimachia vulgaris
(Primulacées)
Plante velue d'1,50 m de haut. Feuilles opposées ou verticillées par 3 ou 4, lancéolées, longues de 15 cm, à court pétiole ou sessiles, ponctuées de rouge, très velues sur le dessous. Inflorescences pédonculées aux aisselles des feuilles caulinaires supérieures ou à l'extrémité de la tige ; sépales généralement au nombre de 5, longs de 3-5 mm, lancéolés, ciliés de poils glanduleux et bordés de rouge ; pétales longs de 7-12 mm, ovales, sans points rouges. Capsule longue de 4-5 mm, sans points rouges.
Floraison : VI-VIII. Habitat : forêts de bordure, fosses, rives, broussailles, prés d'épandage, prairies marécageuses. Distribution : presque toute l'Europe ; Afrique du Nord, à l'est jusqu'au Japon.
Espèce voisine : **Lysimaque ponctuée,** *L. punctata* (feuilles verticillées par 3 ou 6, très velues sur les deux faces, non ponctuées, sépales sans bord rouge, pétales à points rouges), cultivée dans les jardins et souvent échappée de culture.

1

2|3

1. Petit nénuphar

Nymphoides peltata **!**

(Ményanthacées)

Plante flottante à feuilles alternes, mais opposées dans la région des fleurs. Feuilles rondes à base cordiforme, coriaces, pétiolées, parsemées de points glanduleux sur le dessous. Fleurs généralement en touffes, mais ne s'ouvrant pas toutes en même temps, pédonculées, émergeant légèrement au-dessus de la surface de l'eau ; calice divisé presque jusqu'à la base en 5 parties ; corolle large de 3-5 cm avec un tube court en forme d'entonnoir et des lames frangées sur le bord, barbue dans la gorge. Fruit long de 1,5-2,5 cm, étroit et ovale. Floraison : VI-VIII. Habitat : eaux stagnantes ou coulant lentement, riches en matières nutritives et chaudes en été. Distribution : Europe centrale et Europe méridionale ; à l'est jusqu'au Japon.

2. Germandrée des bois

Teucrium scorodonia

(Labiacées)

Plante à touffes de poils courts, de 50 cm de haut, avec tige quadrangulaire, généralement ramifiée uniquement dans le haut. Feuilles pétiolées, ayant jusqu'à 7 cm de long, ovales à base cordiforme ou tronquée, crénelées à dentées sur tout le pourtour, ridées. Fleurs longues de 9-12 mm, à court pédoncule, solitaires ou par paires aux aisselles de petites bractées, en inflorescences unilatérales ; calice en forme de tube ou de clochette, arqué, avec une bosse marquée à la base, bilabié avec la dent supérieure pliée vers le haut, large et ovale, beaucoup plus grande que les autres ; corolle jaune pâle à jaune verdâtre, avec un tube très saillant et une lèvre inférieure recourbée vers le bas.

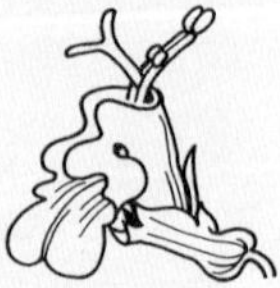

T. scorodonia

Fleur

Floraison : VI-X. Habitat : forêts claires, landes, broussailles. Distribution : presque toute l'Europe.

Remarque : toutes les espèces de germandrées sont faciles à reconnaître par la forme caractéristique de leur corolle. Celle-ci semble dépourvue de lèvre supérieure ; cette dernière est en effet fendue et ses moitiés sont si écartées latéralement que la lèvre inférieure paraît être pentalobée (→ aussi 132/2, **Germandrée petit-chêne**). Sur les pentes sèches, on trouve la **Germandrée des montagnes,** *T. montanum,* un arbrisseau gazonnant aux fleurs jaune blanchâtre et aux feuilles linéaires, feutrées de poils blancs sur le dessous.

1

2

1. Lamier des montagnes

Lamium montanum
(Labiacées)
Plante de 60 cm de haut avec une tige couverte de poils étalés tout autour de la base, émettant des stolons pendant ou peu après la floraison. Feuilles pétiolées, larges et lancéolées, grossièrement dentées. Fleurs sessiles en inflorescences pseudo-verticillées aux aisselles des paires de feuilles supérieures ; corolle longue de 1,7-2,5 cm ; lèvre inférieure trilobée, tachée de brun ; calice à longues dents pointues ; anthères et pollen jaunes.
Floraison : IV-VIII. Habitat : forêts mixtes de feuillus, broussailles, arbustes hauts. Distribution : presque toute l'Europe.

2. Épiaire droit

Stachys recta
(Labiacées)
Plante à poils épars, de 50 cm de haut, avec une tige quadrangulaire. Feuilles opposées, à court pétiole, allongées, presque entières à dentées. Fleurs sessiles en inflorescences pseudo-verticillées aux aisselles de bractées ; corolle longue de 1-2 cm ; lèvre supérieure dressée aux bords rebroussés ; lèvre inférieure rabattue vers le bas, nettement tachée de brun, trilobée, aux bords rebroussés.
Floraison : VI-IX. Habitat : pentes rocheuses, prairies, lisières des forêts, broussailles. Distribution : presque toute l'Europe.

3. Galéopsis orné

Galeopsis speciosa
(Labiacées)
Plante d'1 m de haut, avec tige quadrangulaire couverte de poils raides. Feuilles pétiolées, ovales à lancéolées, arrondies à cunéiformes à la base, au bord régulièrement denté. Fleurs en faux verticilles aux aisselles de bractées ; corolle longue de 1,5-2,5 cm ; lèvre inférieure carrée, presque entièrement violette.
Floraison : VII-IX. Habitat : forêts, coupes de bois, broussailles, champs, bords des chemins. Distribution : Europe centrale et Europe orientale.

4. Sauge gluante

Ormin gluant
Salvia glutinosa
(Labiacées)
Plante d'1 m de haut, avec tige quadrangulaire glanduleuse et collante dans le haut. Feuilles pétiolées, ovales, à base cordiforme à hastée, au bord scié. Fleurs par 2 à 6 aux aisselles de petites bractées ; corolle ayant jusqu'à 4 cm de long ; lèvre supérieure recourbée en faucille ; lèvre inférieure trilobée avec des taches et des raies brun-rouge.
Floraison : VII-IX. Habitat : forêts de montagne, arbustes hauts, broussailles. Distribution : régions montagneuses d'Europe centrale et d'Europe méridionale ; à l'est jusqu'à l'Himalaya.

1

2|3

4

1. Molène noire

Bouillon noir

Verbascum nigrum

(Scrofulariacées)

Plante légèrement velue d'1,2 m de haut, à plusieurs tiges non ramifiées. Feuilles radicales ovales à base cordiforme, pétiolées ; feuilles caulinaires arrondies, sessiles, toutes glabres sur le dessus. Fleurs groupées en touffes par 2 à 4, formant une inflorescence spiciforme dense ; corolle large de 15-20 mm, soudée, à 5 lames, jaune clair, tachée de rouge sang à la base ; filets des étamines couverts de poils laineux violets. Floraison : VI-IX. Habitat : pelouses sèches, champs de mauvaises herbes, bords des ruisseaux. Distribution : Europe ; à l'est jusqu'en Sibérie.

2. Bouillon blanc

Verbascum thapsus

(Scrofulariacées)

Plante densément feutrée de poils, atteignant 1,80 m de haut. Feuilles allongées à elliptiques, celles du haut et du milieu décurrentes sur la tige jusqu'à la feuille suivante et donnant l'illusion d'une tige ailée, celles du bas pétiolées. Fleurs à court pédoncule, groupées en une grappe spiciforme dense ; corolle jaune clair, soudée, à 5 lames, en forme de large entonnoir, large de 18-22 mm ; les 2 plus longs filets des étamines couverts de poils laineux blancs, trois à quatre fois plus longs que leur anthère légèrement décurrente.

Floraison : VII-IX. Habitat : champs de mauvaises herbes, lisières des forêts, coupes blanches. Distribution : presque toute l'Europe ; Asie septentrionale.

Espèces voisines : **Molène à grandes fleurs,** *V. densiflorum* (feuilles supérieures et médianes décurrentes jusqu'à la feuille suivante, celles du bas nettement crénelées, fleurs plates, larges de 30-35 mm, filets les plus longs ne faisant que 1/2 à 2 fois la longueur de leur anthère décurrente), aux mêmes endroits. — **Molène fausse-phlomide,** *V. phlomoides* (feuilles supérieures et médianes à peine décurrentes, feuilles du bas imperceptiblement crénelées, fleurs plates, larges de 30-35 mm, filets les plus longs ne faisant que

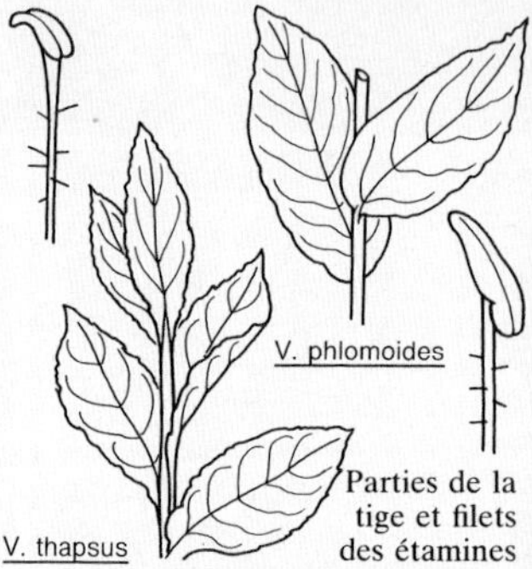

Parties de la tige et filets des étamines

1/2 à 2 fois la longueur de leur anthère décurrente), aux mêmes endroits.

3. Linaire commune

Linaria vulgaris

(Scrofulariacées)

Plante glabre à nombreuses tiges, de 90 cm de haut. Feuilles lancéolées à linéaires, pointues, vert bleuté. Fleurs à court pédoncule, en une grappe dense ; calice soudé à 5 dents lancéolées ; corolle jaune clair, longue de 16-30 mm, soudée, bilabiée, lèvre supérieure à palais orangé obturant l'entrée de la gorge ; éperon marqué et pointu à la base.

Floraison : VI-X. Habitat : pelouses sèches, bords des chemins, décombres, champs. Distribution : presque toute l'Europe ; Asie occidentale.

1

2|3

1. Digitale à grandes fleurs

Digitalis grandiflora
(Scrofulariacées) + !

Plante velue d'1 m de haut. Feuilles sessiles, allongées, sciées. Fleurs à court pédoncule, penchées ; pédoncules floraux et calice pentamère couverts de poils glanduleux, corolle jaune clair à veines brunes, longue de 3 à 4 cm, renflée en cloche, légèrement labiée ; lèvre supérieure obtuse, entière.
Floraison : VI-VII. Habitat : lisières des forêts, broussailles, arbustes hauts. Distribution : Europe centrale, méridionale et orientale ; à l'est jusqu'en Sibérie.
Espèce voisine : **Digitale jaune,** *D. lutea* (plante généralement glabre, corolle longue de 20 à 25 mm avec lèvre supérieure pointue à deux lames).

2. Rhinante aristé

Rhinantus aristatus
(Scrofulariacées)

Plante presque glabre de 50 cm de haut, avec une tige généralement ramifiée. Feuilles sessiles, lancéolées, crénelées. Bractées triangulaires étroites avec de longues dents sur les bords, les dents du bas mesurant jusqu'à 8 mm de long avec une arête de 1-3 mm ; corolle longue de 15-20 mm avec un tube arqué vers le haut ; lèvre supérieure avec une courte dent bleutée, lèvre inférieure étalée.
Floraison : VI-IX. Habitat : pelouses de toutes sortes, semi-parasite des herbacées. Distribution : Alpes, Préalpes.

3. Mélampyre des prés

Melampyrum pratense
(Scrofulariacées)

Plante peu velue de 30 cm de haut. Feuilles opposées, lancéolées. Fleurs en une grappe peu dense ; bractées lancéolées, peu dentées ; calice à 5 dents, long de 5-7 mm ; corolle jaune pâle, longue, tubulaire, ayant 10-16 mm de long, bilabiée avec gorge fermée.
Floraison : VI-VIII. Habitat : prairies, landes, broussailles, forêts. Distribution : presque toute l'Europe ; à l'est jusqu'en Sibérie occidentale.

4. Pédiculaire du roi Charles

Pedicularis sceptrum-carolinum !
(Scrofulariacées)

Plante glabre d'1 m de haut. Feuilles pennatifides à folioles allongées et crénelées. Dents du calice allongées et crénelées ; corolle soudée à gorge fermée, jaune ; bord de la lèvre inférieure rouge sang.
Floraison : VI-VIII. Habitat : tourbières. Distribution : Europe septentrionale, Préalpes et Alpes.

5. Utriculaire commune

Utricularia vulgaris !
(Utriculariacées)

Tige flottant dans l'eau, longue de 30-100 cm. Feuilles divisées en une multitude de segments filiformes avec de nombreuses petites vésicules qui servent de pièges pour les minuscules insectes aquatiques. Fleurs pédonculées, émergeant au-dessus de l'eau, bilabiées avec la gorge obturée par le palais de la lèvre supérieure.
Floraison : VI-VIII. Habitat : eaux stagnantes. Distribution : presque toute l'Europe ; Asie, Amérique du Nord.

1|2

3|4

5

1. Gaillet vrai

Caille-lait jaune, fleurs de la Saint-Jean
Galium verum
(Rubiacées)

Plante de 60 cm de haut. Tige presque cylindrique avec 4 lignes longitudinales saillantes. Feuilles verticillées par 8 à 12, étroites et linéaires, à pointe épineuse et au bord enroulé vers le bas, larges d'environ 1 mm, couvertes de poils mous sur le dessous. Fleurs petites, nombreuses, en une inflorescence terminale dense, extrêmement ramifiée ; pas de calice ; corolle à 4 lames dégageant une forte odeur de miel.

G. verum

Fleur

Floraison : VI-IX. Habitat : pelouses sèches, bords des chemins, forêts claires. Distribution : presque toute l'Europe ; Asie septentrionale.

Espèce voisine : **Gaillet de Wirtgen,** *G. wirtgenii* (feuilles ayant jusqu'à 2 mm de large, glabres sur le dessous, inflorescence interrompue, fleurs inodores), fleurit dès V-VI.

Remarque : servait autrefois de présure pour coaguler le lait destiné à la fabrication du fromage, d'où son nom.

2. Verge d'or commune

Solidago virgaurea
(Composées tubuliflores)

Tige dressée d'1 m de haut. Feuilles radicales elliptiques, à long pétiole, brillantes ; feuilles caulinaires plus étroites, sciées à presque entières, allant en s'amincissant en pétiole ailé. Capitules de fleurs groupés en une inflorescence en forme de grappe ou d'étroit panicule ; paillettes étroites et lancéolées, à bord membraneux ; ligules plus longues que l'involucre, jaune d'or comme les fleurons. Fruit à aigrette.

Floraison : VII-X. Habitat : pelouses maigres, coupes blanches. Distribution : presque toute l'Europe ; Asie septentrionale, Amérique du Nord.

3. Verge d'or géante

Solidago gigantea
(Composées tubuliflores)

Plante de 2 m de haut. Tige glabre vers le bas. Feuilles lancéolées, sciées, avec le dessous glabre ou couvert de poils courts sur les nervures. Capitules de fleurs petits, dressés, groupés en une grappe dense sur des rameaux étalés et arqués ; ligules légèrement plus longues que l'involucre et les fleurons. Fruit à aigrette.

Capitules de fleurs

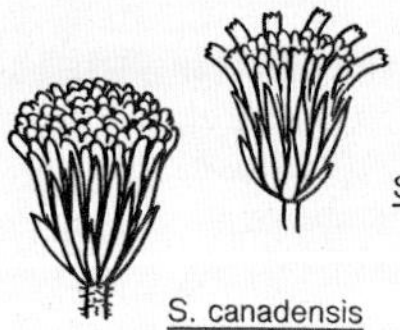

S. gigantea

S. canadensis

Floraison : VIII-X. Habitat : forêts de bordure, arbustes hauts, bords des chemins. Distribution : Amérique du Nord ; cultivée et acclimatée chez nous comme plante ornementale.

Espèce voisine : **Verge d'or du Canada,** *S. canadensis* (tige et dessous des feuilles très velus, ligules pas plus longues que l'involucre et les fleurons), aux mêmes endroits.

1|2

3

1. Buphthalme à feuilles de saule

Buphthalmum salicifolium
(Composées tubuliflores)
Plante à poils mous de 50 cm de haut. Feuilles lancéolées, pointues, celles du bas à court pétiole, celles du haut sessiles. Capitules de fleurs terminaux, larges de 3-6 cm ; involucre avec paillettes linéaires à poils soyeux ; ligules rayonnantes ; entre les fleurons d'étroites écailles linéaires transparentes dépassent les fleurs sur les jeunes capitules et permettent de différencier cette espèce des espèces voisines du genre *Inula* (Inule).
Floraison : VI-IX. Habitat : pelouses sèches, broussailles ; sur sol calcaire. Distribution : Europe centrale et méridionale.

2. Inule squarreuse

Herbe aux mouches
Inula conyza
(Composées tubuliflores)
Plante d'1 m de haut. Feuilles elliptiques, à poils mous, celles du bas pétiolées, celles du haut sessiles. Inflorescence ombelliforme riche en capitules non radiés ; involucre avec des paillettes étroites, vertes ; ligules absentes ou presque tubulaires et dissimulées dans l'involucre.
Floraison : VII-X. Habitat : pelouses sèches, broussailles sèches. Distribution : Europe, sauf le nord.

3. Pulicaire dysentérique

Herbe de Saint-Roch
Pulicaria dysenterica
(Composées tubuliflores)
Plante à poils mous de 60 cm de haut. Feuilles allongées, cordiformes et amplexicaules à la base. Capitules de fleurs larges de 15-30 mm, en inflorescence ombelliforme ; involucre avec paillettes étroites et pointues ; ligules étroites et rayonnantes.
Floraison : VII-IX. Habitat : prairies humides, rives. Distribution : Europe ; Asie septentrionale et Asie occidentale, Afrique du Nord.

4. Bident penché

Chanvre d'eau
Bidens cernua
(Composées tubuliflores)
Plante d'1,20 m de haut. Feuilles opposées, lancéolées, sciées, presque sessiles. Capitules penchés en pleine floraison, paillettes analogues à du feuillage.

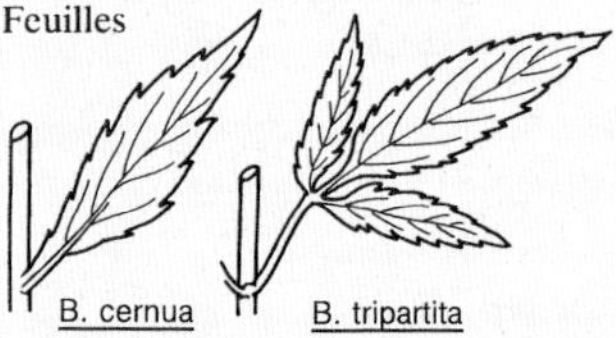

Floraison : VIII-X. Habitat : lieux humides, bords des étangs et des fosses. Distribution : Europe ; Asie septentrionale, Amérique du Nord.
Espèce voisine : **Bident trifide,** *B. tripartita* (feuilles pétiolées, tripartites) aux mêmes endroits.

5. Anthémis des teinturiers

Œil-de-bœuf
Anthemis tinctoria
(Composées tubuliflores)
Plante de 50 cm de haut. Feuilles simplement ou doublement pennatifides, velues. Capitules terminaux ; paillettes au bord membraneux sec ; entre les fleurons des écailles transparentes, lancéolées et pointues.
Floraison : VI-IX. Habitat : pentes sèches, broussailles ; généralement sur sol calcaire. Distribution : dans les régions les plus chaudes d'Europe et d'Asie septentrionale.

1|2

3

4|5

1. Tanaisie commune

Tanacetum vulgare
(Composées tubuliflores)
Plante feuillée d'1,20 m de haut. Tige généralement glabre, ramifiée uniquement dans le haut. Feuilles sessiles, pennées avec des folioles oblongues au bord en dents de scie aiguës. Inflorescence en fausse ombelle plus ou moins dense ; capitules de fleurs jaune d'or, larges de 6-10 mm ; involucre hémisphérique avec des paillettes vertes disposées comme les tuiles d'un toit ; fleurs tubulaires avec l'involucre nettement en saillie.
Floraison : VII-IX. Habitat : parmi les arbustes hauts, rives des cours d'eau, champs de mauvaises herbes, déblais. Distribution : presque toute l'Europe ; Asie occidentale.

2. Tussilage pas-d'âne

Tussilago farfara
(Composées tubuliflores)
Plante de 25 cm de haut. Tiges florifères apparaissant avant les feuilles, non ramifiées, densément couvertes de poils arachnéens ou de poils feutrés blancs, avec des feuilles écailleuses lancéolées, pointues, de teinte rougeâtre pâle, denses dans le bas, lâches dans le haut. Capitules terminaux, larges de 30-40 mm ; involucre à une rangée de paillettes linéaires ; ligules rayonnantes, linéaires, ayant jusqu'à 14 mm de long, nombreuses, jaunes comme les fleurons. Feuilles toutes radicales, nettement pétiolées, arrondies avec une échancrure cordiforme, au bord denté alternativement de grandes et de petites dents, légèrement velues sur le dessus et densément feutrées de poils blancs sur le dessous.
Floraison : III-IV. Habitat : rives, bords des chemins, champs humides, décombres. Distribution : presque toute l'Europe ; Asie septentrionale, Afrique du Nord.
Espèces voisines : le genre *Petasites* **(Pétasite),** qui lui est étroitement apparenté, comporte des espèces (→ p. 238) qu'il est cependant facile de différencier du tussilage pas-d'âne par leurs capitules à fleurs rougeâtre clair sans ligules. En revanche, leurs feuilles, qui apparaissent également après les fleurs, se confondent aisément avec celles du tussilage, d'autant que les pétasites poussent aux mêmes endroits : **Pétasite officinal,** *P. hybridus* (→ p. 238). — **Pétasite blanc,** *P. albus* (feuilles à poils feutrés blancs peu denses sur le dessous, avec une échancrure fermée à la base) en moyenne montagne, dans les Préalpes et les Alpes. —

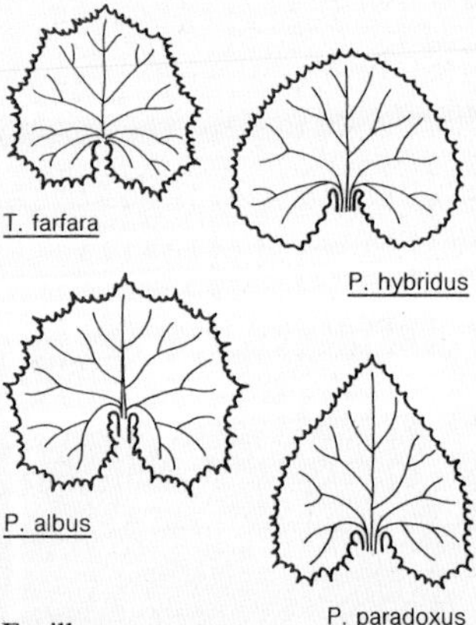

Feuilles

Pétasite paradoxal, *P. paradoxus* (feuilles densément feutrées de poils blancs sur le dessous, triangulaires à cordiformes, avec une très large échancrure à la base), dans les Préalpes et les Alpes.

1

2

1. Séneçon de Fuchs

Senecio fuchsii

(Composées tubuliflores)

Plante glabre d'1,20 m de haut. Feuilles lancéolées, finement sciées, à pétiole ailé. Capitules nombreux, en une inflorescence ombelliforme : involucre étroit et cylindrique avec généralement 8 paillettes linéaires sur 1 seul rang ; ligules généralement au nombre de 5, linéaires ; fleurons nombreux. Fruit à aigrette.

Floraison : VII-IX. Habitat : forêts de feuillus, lisières des bois, arbustes hauts. Distribution : Europe centrale, Balkans.

Espèce voisine : **Séneçon de Jacquin,** *S. nemorensis* (tige et feuilles couvertes de poils crépus, involucre à 10-12 paillettes), aux mêmes endroits.

2. Séneçon à feuilles spatulées

Senecio helenitis

(Composées tubuliflores)

Plante de 70 cm de haut, couverte de poils laineux à floconneux. Feuilles radicales ovales, crénelées à dentées, se rétrécissant brusquement en pétiole ; feuilles caulinaires oblongues, rétrécies en une sorte de pétiole, densément couvertes de poils laineux blancs sur le dessous. Capitules groupés à quelques-uns en une inflorescence ombelliforme ; paillettes de l'involucre sur 1 seule rangée, laineuses. Fruit velu à aigrette.

Floraison : V-VI. Habitat : prairies humides. Distribution : Europe centrale.

Espèce voisine : **Séneçon à feuilles entières,** *S. integrifolius* (feuilles radicales entières, rétrécies insensiblement en pétiole), plutôt sur les pelouses sèches.

3. Séneçon jacobée

Herbe de Jacob

Senecio jacobaea

(Composées tubuliflores)

Plante velue à presque glabre, d'1 m de haut. Tige ramifiée vers le haut. Feuilles pennatifides avec, à la base, une oreillette divisée qui embrasse la tige. Inflorescence ombelliforme ; involucre à 1 rangée de paillettes et 1 ou 2 très courtes écailles à la base. Fruits à aigrette.

Floraison : VII-IX. Habitat : prairies, pelouses sèches, arbustes hauts. Distribution : Europe, Asie septentrionale.

Espèce voisine : **Séneçon à feuilles de roquette,** *S. erucifolius* (oreillette non divisée à la base de la feuille, involucre portant à la base 4-6 paillettes moitié moins longues que les autres), aux mêmes endroits.

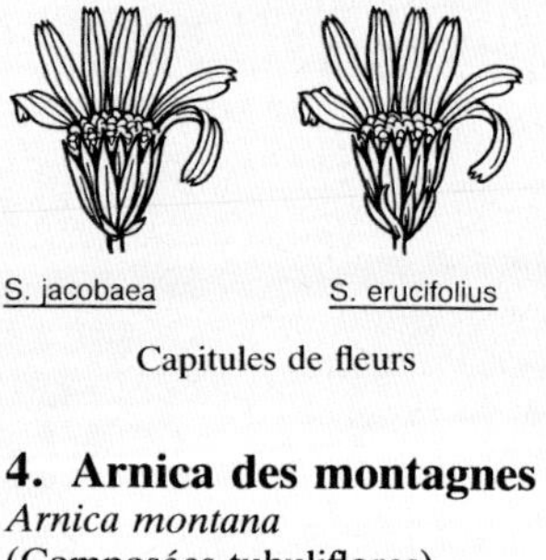

S. jacobaea S. erucifolius

Capitules de fleurs

4. Arnica des montagnes !

Arnica montana

(Composées tubuliflores)

Plante à poils glanduleux, de 60 cm de haut. Feuilles radicales ovales, à 5 nervures, pétiolées ; 1 à 2 paires de feuilles caulinaires plus petites et sessiles. Capitules solitaires ou groupés par 2 ou 3, larges de 5-8 cm ; involucre avec 1 à 3 rangées de paillettes lancéolées ; ligules longues et rayonnantes. Fruits à aigrette.

Floraison : VI-VII. Habitat : pelouses maigres ; évite les sols calcaires. Distribution : presque toute l'Europe ; Sibérie.

1

2|3

4

1. Scorsonère humble

Scorzonera humilis

(Composées liguliflores)

Plante de 40 cm de haut. Feuilles toutes radicales, lancéolées plus ou moins étroites, entières, rétrécies en une sorte de pétiole à la base, généralement glabres. Capitules le plus souvent solitaires à l'extrémité d'une tige sans feuilles et ne comportant que des ligules ; paillettes de l'involucre sur plusieurs rangs. Fruits à aigrette.

Floraison : V-VI. Habitat : prairies marécageuses, pelouses maigres. Distribution : Europe ; rare dans le sud et le nord.

2. Laiteron des champs

Sonchus arvensis

(Composées liguliflores)

Plante ramifiée au sommet, d'1,20 m de haut. Feuilles pennatilobées ou sinuées et dentées, rarement entières. Capitules à long pédoncule, avec uniquement des ligules ; involucre à paillettes glanduleuses jaunes. Fruit à aigrette.

Floraison : VII-X. Habitat : champs, rives. Distribution : presque toute l'Europe ; Asie septentrionale, Afrique du Nord.

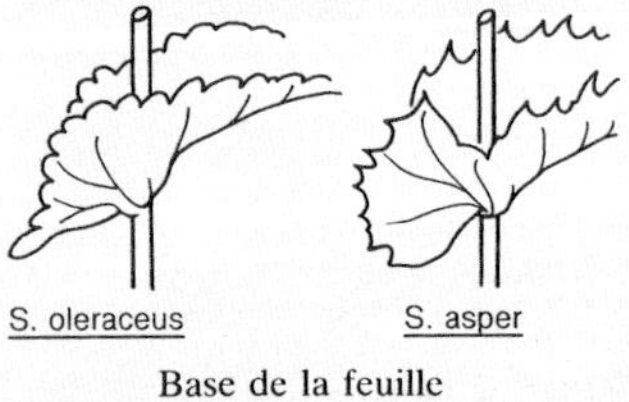

Base de la feuille

Espèces voisines : **Laiteron maraîcher,** *S. oleraceus* (Involucre glabre, feuilles caulinaires avec une oreillette pointue à la base). — **Laiteron rude,** *S. asper* (involucre glabre, oreillette ronde), généralement dans les champs de mauvaises herbes.

3. Aposéris fétide

Aposeris foetida

(Composées liguliflores)

Plante atteignant 25 cm de haut, dégageant une odeur désagréable de farine pourrie. Feuilles toutes radicales, pennatilobées aux segments anguleux. Capitules solitaires sur de longs pédoncules sans feuilles, ne comportant que des ligules. Fruit sans aigrette.

Floraison : V-VI. Habitat : forêts de feuillus ; sur sol calcaire. Distribution : montagnes d'Europe centrale, Préalpes.

4. Porcelle enracinée

Hypochoeris radicata

(Composées liguliflores)

Plante à poils rudes, de 60 cm de haut. Feuilles en rosette radicale, dentées à pennatilobées et sinuées. Tige peu ou pas ramifiée avec quelques rares feuilles écailleuses. Capitules terminaux, larges de 3-5 cm, uniquement avec des ligules ; involucre à plusieurs rangées d'étroites paillettes glabres. Fruit à aigrette.

Floraison : VI-IX. Habitat : pelouses maigres, pinèdes, coupes blanches. Distribution : presque toute l'Europe.

5. Crépis bisannuel

Crepis biennis

(Composées liguliflores)

Plante généralement à poils courts, d'1 m de haut. Feuilles oblongues, sinuées et dentées à pennatilobées, celles du bas pétiolées, celles du haut sessiles. Capitules pédonculés, avec uniquement des ligules ; involucre avec des paillettes intérieures apprimées et de courtes paillettes extérieures étalées.

Floraison : V-VIII. Habitat : prairies grasses. Distribution : presque toute l'Europe.

1|2

3

4|5

1. Salsifis d'Orient

Tragopogon orientalis
(Composées liguliflores)

Plante glabre, peu ramifiée, de 60 cm de haut. Tige à peine renflée sous les capitules. Feuilles étroites et lancéolées, pointues, entières, sessiles avec une base élargie. Capitules groupés à quelques-uns ou solitaires, uniquement avec des ligules ; involucre long de 25-35 mm, composé de 8 paillettes pointues linéaires ; ligules nettement plus longues que l'involucre ; anthères jaunes, à raies longitudinales noires. Fruits à long bec avec une aigrette pennée.
Floraison : V-VII. Habitat : prairies grasses, pelouses sèches, bords des chemins. Distribution : presque toute l'Europe.

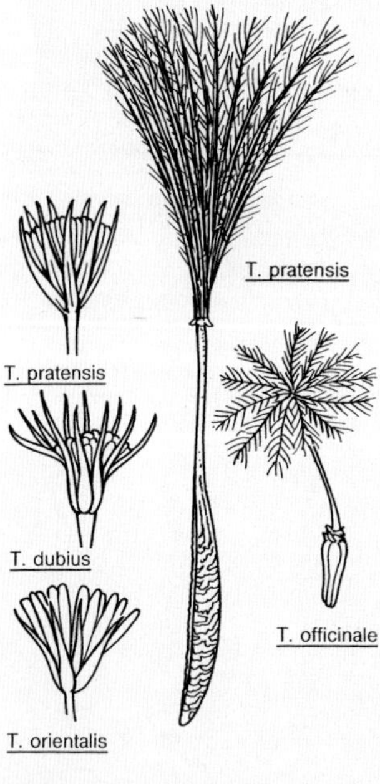

Capitules et fruits

Espèces voisines : **Salsifis douteux,** *T. dubius* (tige fortement renflée en massue sous les capitules, 8 à 12 paillettes involucrales), sur les pelouses sèches, généralement sur sol calcaire. — **Salsifis des prés,** *T. pratensis* (tige non renflée sous les capitules, fleurs nettement plus courtes que l'involucre, anthères jaunes à pointe violet foncé).
Intéressant pour la biologie : les fleurs de ces espèces de salsifis constituent une sorte d' « horloge biologique » : par beau temps, celles du salsifis d'Orient restent ouvertes jusqu'à 11 h et celles du salsifis des prés jusqu'à 14 h.

2. Pissenlit dent-de-lion

Taraxacum officinale
(Composées liguliflores)

Plante glabre ou peu velue, de 50 cm de haut. Feuilles en rosette radicale, très différemment dentées, lobées ou découpées, rarement entières. Capitules solitaires sur un long pédoncule sans feuilles, avec uniquement des ligules ; involucre constitué de courtes paillettes externes étalées et de paillettes internes plus longues, étroites et apprimées. Fruit à long bec avec une aigrette pennée en forme d'ombrelle.
Floraison : IV-VI (-XII). Habitat : prairies grasses, pâturages, champs, décombres. Distribution : dans toute l'Europe et l'Asie occidentale dans d'innombrables « petites espèces » difficiles à distinguer.
Remarque : comme presque toutes les composées ne comportant que des ligules, la plante entière contient un suc laiteux blanchâtre à base de caoutchouc.

1

2

1. Épervière piloselle

Hieracium pilosella
(Composées liguliflores)
Plante de 30 cm de haut. Tige aphylle à 1 seul capitule. Feuilles en rosette radicale, oblongues, ciliées de soies raides sur le dessus et au bord, feutrées de poils blancs sur le dessous. De la rosette émergent de longs stolons feuillés qui peuvent s'enraciner à la pointe. Involucre à poils glanduleux et floconneux ; les fleurs sont toutes des ligules. Fruits à aigrette.
Floraison : V-X. Habitat : pelouses sèches, landes. Distribution : presque toute l'Europe ; Asie septentrionale, Amérique du Nord.

2. Lapsane commune

Grageline, poule grasse
Lapsana communis
(Composées liguliflores)
Plante d'1 m de haut. Tige couverte de soies raides dans le bas, glabre et ramifiée dans le haut. Feuilles inférieures pennatifides en forme de lyre avec un grand segment terminal, feuilles supérieures lancéolées, dentées, sessiles. Capitules petits, larges de 10-20 mm, uniquement avec des ligules jaune pâle. Fruits sans aigrette.
Floraison : VI-VIII. Habitat : forêts de feuillus, broussailles, jardins, bords des chemins. Distribution : presque toute l'Europe ; Asie occidentale, Afrique du Nord.

3. Épervière des murs

Hieracium murorum
(Composées liguliflores)
Plante de 60 cm de haut. Tige ramifiée uniquement au sommet, peu feuillée. Feuilles radicales ovales, dentées à la partie inférieure, cordiformes à la base, velues et parsemées de poils floconneux sur le dessous ; feuilles caulinaires plus petites. Capitules peu nombreux, avec uniquement des ligules ; involucre très riche en glandes mais sans poils. Fruits à aigrette.
Floraison : V-VII. Habitat : forêts de feuillus, broussailles, prairies de montagne, murs. Distribution : presque toute l'Europe ; Asie septentrionale.
Espèce voisine : **Épervière bifide,** *H. bifidum* (feuilles non cordiformes à la base, involucre sans glandes mais extrêmement velu), répandue plus au sud, sur sol calcaire.

4. Épervière auriculée

Hieracium auricula
(Composées liguliflores)
Plante velue de 30 cm de haut. Tige portant 2 à 4 capitules compacts. Feuilles en rosette radicale, légèrement velues. Stolons feuillés. Involucre légèrement velu ; les fleurs sont toutes des ligules. Fruits à aigrette.
Floraison : VI-VIII. Habitat : pelouses maigres pauvres en calcaire, pâturages, bords des chemins. Distribution : presque toute l'Europe ; Caucase.

1

2|3

4

1. Fritillaire pintade

Damier

Fritillaria meleagris !

(Liliacées)

Plante glabre de 40 cm de haut. Feuilles peu nombreuses, alternes, linéaires, canaliculées, légèrement vert-bleu. Fleurs solitaires ou par 2, pendantes, renflées comme des tulipes, ayant jusqu'à 3,5 cm de long ; bractées involucrales oblongues, panachées en damier rouge pourpre et blanchâtre.

Floraison : IV-V. Habitat : prairies humides. Distribution : Europe occidentale, par endroits en Europe centrale et en Europe méridionale.

2. Lis martagon

Lilium martagon !

(Liliacées)

Plante à poils courts, de 60 cm de haut. Feuilles verticillées, elliptiques à lancéolées. Fleurs groupées jusqu'à 10 en grappes, pédonculées, penchées ; 6 tépales oblongs, arqués en arrière, rouge-brun pâle piqueté de plus foncé.

Floraison : VI-VII. Habitat : prairies de montagne, forêts de montagne ; principalement sur sol calcaire. Distribution : presque toute l'Europe ; zones de climat tempéré d'Asie.

Espèce voisine : **Lis orangé,** *L. bulbiferum* (feuilles linéaires alternes portant souvent des bulbilles brunes à leurs aisselles, fleurs solitaires ou groupées à plusieurs, longues de 4-6 cm, avec des tépales dressés, rouge vif ou rouge orangé, rendus rêches intérieurement par de petites verrues), fleurit en V-VII ; sur les pentes chaudes, en lisière de forêts et dans les haies, à moyenne altitude dans les montagnes d'Europe centrale et dans les Alpes.

Intéressant pour la biologie : beaucoup de liliacées peuvent hiverner ou résister à des périodes de sécheresse grâce à des oignons ou des bulbes. Dès le retour de conditions plus favorables, elles se remettent aussitôt à pousser et commencent à fleurir. Beaucoup de fleurs printanières appartiennent à ce type de plantes. Leur multiplication s'effectue généralement par la formation de caïeux latéraux et de bulbilles. Chez le lis orangé, ce sont de petites bulbilles situées aux aisselles des feuilles qui assurent la propagation de la plante. Dans beaucoup d'espèces d'**ails** *(Allium),* il existe également de telles bulbilles entre les fleurs de l'inflorescence.

3. Erythrone dent-de-chien

Erythronium dens-canis !

(Liliacées)

Plante herbacée à bulbe allongé. Courte tige dressée. 2 feuilles opposées. Limbe ovale, un peu cordé, plan (8 cm), glabre, brillant. Hampe portant une fleur penchée à 6 pétales roses étroits (15 mm), redressés en arrière vers le haut. Étamines exsertes à anthères brunes.

Floraison : III-VI. Habitat : bois, prairies, landes des montagnes, altitude moyenne. Distribution : Europe centrale et méridionale.

1

2|3

1. Colchique d'automne

Colchicum autumnale +
(Liliacées)
Plante glabre de 25 cm de haut. Feuilles toutes radicales, oblongues à lancéolées, entières, avec de nombreuses nervures parallèles, apparaissant au printemps en même temps que les capsules ovoïdes ou oblongues. Fleurs solitaires ou par 2 ou 3 apparaissant en automne, sous forme de très longs tubes terminés par 6 lames oblongues ; 6 étamines et 3 styles, dépassant de beaucoup le tube de la corolle.
Floraison : VIII-IX. Habitat : prairies humides. Distribution : presque toute l'Europe.

2. Ail civette

Ciboulette sauvage
Allium schoenoprasum
(Liliacées)
Plante glabre de 50 cm de haut. Tige creuse, feuillée jusqu'en haut. Feuilles engainant la tige, rondes dans leur partie supérieure libre, cylindracées et creuses. Fleurs en une inflorescence sphérique ombelliforme terminale, protégée par 2 bractées ovales ; 6 tépales lancéolés, pointus, longs de 7-15 mm, dépassant les étamines.
Floraison : VI-VIII. Habitat : prairies humides, rives des cours d'eau, sources. Distribution : presque toute l'Europe, surtout en altitude ; vastes régions d'Asie, Amérique du Nord.

3. Ail caréné

Allium carinatum
(Liliacées)
Plante glabre de 60 cm de haut. Tige feuillée dans sa moitié inférieure. Feuilles herbacées, plates, engainant la tige de leur base. Fleurs en fausse ombelle sphérique, renfermant des bulbilles et protégée de 2 longues bractées linéaires ; fleurs à long pédoncule ; 6 tépales, longs de 4-7 mm, seulement deux fois moins longs que les étamines.
Floraison : VI-VII. Habitat : pelouses sèches. Distribution : Europe centrale, Italie, Balkans.
Espèce voisine : **Ail des champs,** *A. oleraceum* (feuilles nettement canaliculées, tépales aussi longs que les étamines) aux mêmes endroits.

4. Ail à tête ronde

Allium sphaerocephalum
(Liliacées)
Plante glabre de 60 cm de haut. Tige feuillée jusque plus haut que le milieu. Feuilles à demi cylindrées, profondément canaliculées sur le dessus, engainant la tige de sa base. Fleurs en une fausse ombelle sphérique dense, protégée par 2 petites bractées ovales et pointues ; tépales longs de 4-5 mm, plus courts que les étamines.
Floraison : VI-VII. Habitat : rocailles, pelouses sèches ; généralement sur sol calcaire. Distribution : Europe centrale et Europe méridionale ; à l'est jusqu'en Asie Mineure.

1

2|3

4

1. Glaïeul des marais

Gladiolus palustris **P**
(Iridacées)
Plante glabre de 50 cm de haut. Feuilles comprimées latéralement, ensiformes, à nervures longitudinales marquées. Fleurs par 3 à 6 du même côté à l'extrémité de la tige, sessiles ; 6 tépales, tous semblables, ovales et légèrement pointus ; 3 étamines.
Floraison : VI-VII. Habitat : prairies humides. Distribution : Europe centrale, Italie, Balkans.

2. Orchis globuleux

Treunsteinera globosa **!**
(Orchidacées)
Plante glabre de 50 cm de haut. Feuilles oblongues lancéolées, vert bleuté, celles du haut scarieuses. Fleurs en une inflorescence presque sphérique ; 6 tépales roses dont les 5 supérieurs sont tout d'abord inclinés les uns sur les autres en forme de casque, puis ensuite étalés en clochette, celui du bas formant un labelle trilobé qui est piqueté de points plus foncés et éperonné à la base.
Floraison : VI-VII. Habitat : pelouses maigres calcaires, alpages. Distribution : montagnes d'Europe des Pyrénées au Caucase.

3. Orchis militaire

Orchis militaris **!**
(Orchidacées)
Plante glabre de 50 cm de haut. Feuilles du bas elliptiques et pointues, celles du haut plus petites et plus étroites, entières. Fleurs en un épi dense ; 6 tépales dont les 5 supérieurs rose blanchâtre sont inclinés les uns sur les autres en forme de casque et celui du bas forme un labelle à 5 lobes, pourpre rosé, maculé de blanc, avec un éperon situé à la base.
Floraison : V-VI. Habitat : tourbières, pelouses semi-sèches ; uniquement sur sol calcaire. Distribution : Europe centrale et Europe méridionale ; Caucase, Sibérie.

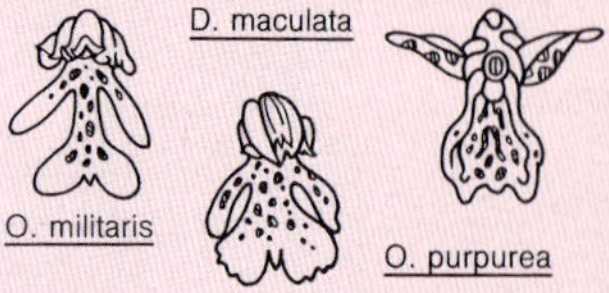

Fleurs

4. Orchis pourpre

Orchis purpurea **!**
(Orchidacées)
Plante glabre de 70 cm de haut. Feuilles rassemblées à la base de la tige, larges et elliptiques, pointues, avec de nombreuses nervures longitudinales. 6 tépales dont les 5 supérieurs forment un casque ovale presque rond de couleur pourpre et celui du bas un labelle quadrilobé rose clair, avec un éperon à la base.
Floraison : V-VI. Habitat : forêts aimant la chaleur, broussailles, pelouses sèches. Distribution : Europe centrale et Europe méridionale ; Asie Mineure.

5. Orchis tacheté

Dactylorhiza maculata **!**
(Orchidacées)
Plante glabre de 60 cm de haut. Feuilles du bas ovales, nettement tachetées de foncé, celles du haut plus petites et plus étroites. 6 tépales lilas clair dont les 5 supérieurs sont inclinés les uns sur les autres en forme de casque et celui du bas forme un labelle trilobé, avec un éperon à la base.
Floraison : V-VIII. Habitat : tourbières, landes humides. Distribution : presque toute l'Europe ; Asie septentrionale.

1|2

3

4|5

1. Orchis bouffon

Orchis morio **!**
(Orchidacées)
Plante glabre de 40 cm de haut. Feuilles du bas oblongues et elliptiques, pointues, celles du milieu et du haut engainantes. Fleurs en épi peu dense, pourpre à rose, plus rarement blanchâtre ; 6 tépales dont les 5 supérieurs sont inclinés les uns sur les autres en forme de casque obtus et veinés de verdâtre, celui du bas formant un large labelle à peine lobé, avec un éperon à la base.
Floraison : IV-VI. Habitat : pelouses sèches et semi-sèches. Distribution : presque toute l'Europe ; Caucase.

2. Orchis à larges feuilles

Dactylorhiza majalis **!**
(Orchidacées)
Plante glabre de 60 cm de haut. Feuilles oblongues ovales à lancéolées, obtuses à pointues, tachées de foncé. Inflorescence en épi dense, riche en fleurs ; 6 tépales pourpres dont les 5 supérieurs sont étalés et celui du bas forme un casque à peine lobé qui est plus large que long et porte un long éperon à la base.
Floraison : V-VI. Habitat : prairies très humides, fosses, sources marécageuses. Distribution : Europe centrale et Europe méridionale ; Asie Mineure, Sibérie.
Espèce voisine : **Orchis incarnat,** *D. incarnata* (feuilles plus étroites, régulièrement en pointe depuis la base, non tachées, fleurs rouges ou plus rarement jaunes), aux mêmes endroits.

3. Orchis mâle

Satirion mâle
Orchis mascula **!**
(Orchidacées)
Plante glabre de 50 cm de haut. Feuilles du bas lancéolées, celles du haut engainantes. Inflorescence en épi lâche ; 6 tépales pourpres dont les 3 supérieurs sont lancéolés, à longue pointe et étalés, les 2 suivants plus courts, obtus et inclinés l'un vers l'autre et celui du bas forme un labelle profondément trilobé, avec un long éperon à la base.
Floraison : V-VI. Habitat : alpages, pelouses sèches, forêts claires de feuillus. Distribution : Europe centrale et Europe méridionale ; Asie Mineure.

4. Orchis singe

Orchis simia **!**
(Orchidacées)
Plante herbacée de 50 cm. Épi floral dense, assez court. Doit son nom à la forme du labelle qui possède 4 lobes représentant 2 « bras », 2 « pattes », avec une courte « queue » entre celles-ci. Sépales réunis en casque blanchâtre, finement strié à l'extérieur de rose ou de violet. Éperon blanc, renflé à l'extrémité.
Floraison : IV-VI. Habitat : pâturages, sols argileux, sableux, calcaires. Distribution : Jura, Sud-Ouest.
Espèces voisines : *O. italica* (à feuilles basales étroites, pétales supérieurs en casque). — *D. majalis,* ou *O. latifolia*. — **Orchis tacheté,** *D. maculata*. — **Orchis bouffon,** *O. morio*. — **Orchis à feuilles rondes,** *O. incarnat* (feuilles sans taches).

1|2

3|4

1. Orchis moustique

Gymnadenia conopea **!**
(Orchidacées)

Plante glabre de 50 cm de haut. Feuilles lancéolées, ayant jusqu'à 15 cm de long, celles du haut plus petites. Bractées des fleurs vertes, à peu près aussi longues que l'ovaire. Fleurs odorantes ; tépales extérieurs ovales, longs de 5-6 mm, tépales latéraux descendant en biais, tépales internes supérieurs plus petits et arrondis ; labelle tripartite avec tous les lobes de même grandeur ; éperon grêle, 1 1/2 à 2 fois aussi long que l'ovaire.
Floraison : V-VIII. Habitat : pelouses sèches, tourbières, forêts claires ; sur sol calcaire. Distribution : Europe ; Asie septentrionale.

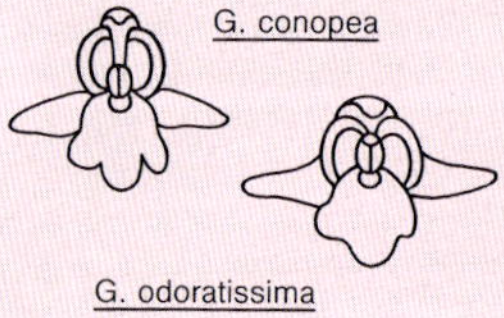

Fleurs

Espèce voisine : **Gymnadenia odorant,** *G. odoratissima* (éperon plus court, au maximum de la longueur de l'ovaire).

2. Orchis pyramidal

Anacamptis pyramidalis **!**
(Orchidacées)

Plante glabre de 60 cm de haut. Feuilles devenant plus petites à mesure qu'elles s'élèvent sur la tige, lancéolées, ayant jusqu'à 10 cm de long. Inflorescence tout d'abord conique, puis cylindrique, avec des fleurs très serrées ; bractées florales lancéolées, aussi longues que l'ovaire, rougeâtres ; tépales extérieurs étalés, lancéolés, longs de 5-7 mm ; les 2 tépales internes supérieurs de même forme que les extérieurs mais inclinés l'un vers l'autre ; labelle tripartite avec 2 lamelles saillantes à la base et le lobe central plus petit que les 2 autres ; épe-

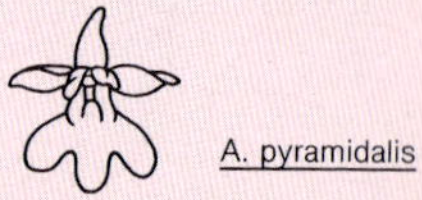

Fleur

ron grêle, filiforme, à peu près de la longueur de l'ovaire.
Floraison : VI-VII. Habitat : pelouses sèches, forêts claires ; sur sol calcaire. Distribution : Europe occidentale, Europe centrale et Europe méridionale.

3. Céphalanthéra rose

Cephalanthera rubra **!**
(Orchidacées)

Plante de 50 cm de haut. Feuilles ovales à lancéolées, longues de 6-12 cm. Tige densément couverte de courts poils glanduleux à sa partie supérieure. Inflorescence lâche de 4 à 12 fleurs ; bractées des fleurs aussi longues ou plus longues que l'ovaire ; tépales extérieurs et les 2 tépales internes supérieurs longs de 15-20 mm, pointus, inclinés tous les uns vers les autres en cloche et masquant généralement le labelle ; labelle non divisé, plus court que les autres tépales, avec une incision profonde entre les moitiés inférieure et supérieure ; pas d'éperon.
Floraison : VI-VII. Habitat : forêts sèches de feuillus et de pins ; sur sol calcaire. Distribution : Europe à l'exception du nord ; Asie occidentale.

1|2

3

1. Renouée bistorte

Langue de bœuf
Polygonum bistorta
(Polygonacées)

Plante glabre de 80 cm de haut. Tige dressée, non ramifiée, avec feuilles très éloignées les unes des autres. Feuilles ovales à base cordiforme, ayant jusqu'à 20 cm de long, celles du bas à pétiole ailé, celles du haut sessiles, toutes pourvues à la base d'une stipule embrassant la tige. Inflorescence en épi terminal, dense et cylindrique ; périanthe non séparé en calice et corolle, avec 5 pièces florales roses à rouges, longues de 4-5 mm. Le fruit est un akène trigone, brun foncé brillant, long de 4-5 mm.

Floraison : V-VII. Habitat : prairies grasses humides, arbustes hauts, aulnaies. Distribution : Europe occidentale et Europe centrale, uniquement en montagne en Europe méridionale ; Asie septentrionale.

2. Renouée amphibie

Polygonum amphibium
(Polygonacées)

Plante glabre flottant sur l'eau avec ses feuilles. Tige ayant jusqu'à 3 m de long. Feuilles oblongues lancéolées, ayant jusqu'à 20 cm de long, à long pétiole ; pétiole étalé sur la tige au-dessus du milieu de la gaine de la stipule. Inflorescence en épi terminal dense ; tépales au nombre de 4 ou 5, longs d'environ 5 mm. Il se forme rarement de fruit.

Floraison : VI-IX. Habitat : mares, fosses, eaux stagnantes. Distribution : cosmopolite.

Remarque : il existe de cette espèce une forme terrestre à tige plus courte et aux feuilles plus petites, souvent velues, qui pousse sur les terrains glaiseux et les champs très humides.

Espèces voisines : **Renouée persicaire,** *P. persicaria* (pétiole étalé sur la tige bien au-dessous du milieu de la gaine de la stipule, gaine de la stipule bordée de longues soies raides de près de

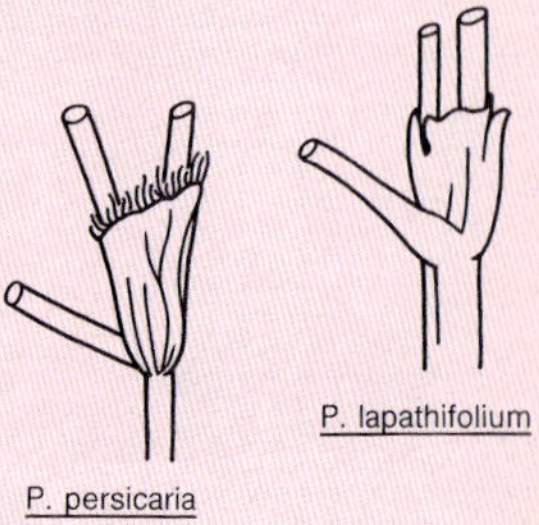

Stipules engainantes

2 mm, souvent velue aussi en surface, tépales longs de 2,5 à 3 mm, roses à rouges). — **Renouée à feuilles de patience,** *P. lapathifolium* (comme la précédente mais avec la gaine des stipules glabre ou tout au plus bordée de cils longs de 0,2 mm, tépales roses ou blancs). Ces deux espèces se rencontrent dans les champs, dans les décombres et sur les rives limoneuses.

1

2

1. Saponaire officinale

Saponaria officinalis
(Caryophyllacées)
Plante généralement glabre de 70 cm de haut. Feuilles lancéolées, opposées, sessiles. Fleurs groupées en touffes aux aisselles des feuilles supérieures ; calice tubulaire, long de 17-25 mm, à 5 dents ; pétales longs de 30 à 40 mm, avec une écaille longue de 2 mm à l'entrée de la gorge.
Floraison : VI-IX. Habitat : bords des chemins, décombres, rives des cours d'eau. Distribution : Europe ; Asie occidentale.

2. Nielle des blés

Agrostemma githago + !
(Caryophyllacées)
Plante velue de 90 cm de haut. Feuilles étroites, opposées. Fleurs solitaires, terminales ; dents du calice plus longues que la partie soudée du calice ; pétales ayant jusqu'à 4 cm de long, plus courts que le calice, non divisés, tronqués à l'avant, sans écailles à l'entrée de la gorge.
Floraison : VI-VIII. Habitat : champs de céréales, décombres. Distribution : presque dans le monde entier.

3. Saponaire de Montpellier

Faux basilic
Saponaria ocymoides
(Caryophyllacées)
Plante prostrée, rampante et ramifiée. Feuilles étroites, opposées, ayant jusqu'à 3 cm de long. Fleurs en touffes à l'extrémité des rameaux ; calice soudé, long de 7-12 mm, avec des poils glanduleux ; pétales longs de 12-18 mm, avec une écaille haute de 1 mm à l'entrée de la gorge.
Floraison : IV-X. Habitat : pentes rocheuses, pinèdes ; généralement sur sol calcaire. Distribution : Europe centrale et Europe méridionale.

4. Fleur de coucou

Œillet des prés
Lychnis flos-cuculi
(Caryophyllacées)
Plante glabre de 90 cm de haut. Feuilles étroites, opposées. Fleurs disposées en une sorte de panicule ; calice long de 6-9 mm ; pétales longs de 15-25 mm, profondément divisés en 4 lanières linéaires, avec une écaille bipartite, haute de 3 mm à l'entrée de la gorge.
Floraison : V-VIII. Habitat : prairies humides, tourbières. Distribution : Europe ; Asie occidentale.

5. Attrape-mouches

Lychnis viscaria
(Caryophyllacées)
Plante glabre de 60 cm de haut. Tige visqueuse et noire au-dessous des nœuds des feuilles. Feuilles étroites et pointues. Fleurs groupées en une sorte de panicule ; calice long de 11-13 mm ; pétales longs de 18-22 mm, échancrés sur le devant, avec une écaille bipartite, haute de 3 mm à l'entrée de la gorge.
Floraison : V-VII. Habitat : prairies sèches, forêts claires. Distribution : Europe ; Asie occidentale.

1|2

3

4|5

1. Silène dioïque

Compagnon rouge
Silene dioica
(Caryophyllacées)
Plante velue de 90 cm de haut, avec une tige peu ramifiée. Feuilles larges lancéolées à ovales, sessiles, opposées. Fleurs en une sorte de panicule lâche ; calice rougeâtre, long de 10-13 mm ; pétales longs de 15-25 mm, bipartites sur le devant, avec une écaille bipartite, haute de 1 à 2 mm, à l'entrée de la gorge.
Floraison : IV-IX. Habitat : forêts de bordure, prairies grasses, arbustes hauts. Distribution : Europe ; Asie occidentale, Afrique du Nord.
Remarque : l'espèce est dite dioïque car ses fleurs unisexuées sont portées par des pieds différents. Fleurs mâles avec uniquement des étamines, fleurs femelles avec uniquement un ovaire et 5 styles.

S. dioica

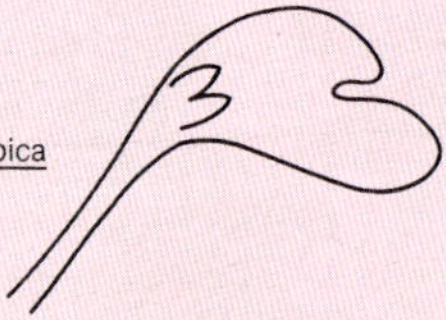

Pétale avec écaille de la gorge

2. Œillet à delta

Dianthus deltoides
(Caryophyllacées)
Plante velue de 35 cm de haut. Tige ramifiée à sa partie supérieure. Feuilles opposées, étroites et lancéolées. Fleurs solitaires sur les rameaux ; calice tubulaire à 5 dents, entouré de 2 écailles à la base ; pétales à onglet avec la partie élargie longue de 6-10 mm, pourpres avec des points blancs.
Floraison : VI-IX. Habitat : prairies sèches, forêts claires, landes. Distribution : Europe ; Asie occidentale.

3. Œillet magnifique

P

Dianthus superbus
(Caryophyllacées)
Plante glabre, ramifiée dans sa partie supérieure, de 60 cm de haut. Feuilles opposées, étroites et lancéolées, ayant jusqu'à 8 cm de long. Fleurs en une inflorescence lâche, pauciflore ; calice tubulaire, avec 2 paires de courtes écailles ovales et pointues à la base ; pétales lilas à pourpre clair, devenant verdâtres vers la gorge, avec la partie étalée longue de 15-35 mm, découpée en fines lanières beaucoup plus loin que le milieu.
Floraison : VI-IX. Habitat : prairies et landes humides. Distribution : presque toute l'Europe ; Asie occidentale.

4. Œillet des chartreux

Dianthus carthusianorum
(Caryophyllacées)
Plante glabre de 45 cm de haut, avec des rosettes de feuilles stériles et des pousses florifères. Feuilles lancéolées très étroites, opposées. Fleurs par 1 à 30 à l'extrémité de la tige en une inflorescence ressemblant à un capitule et entourée de feuilles lancéolées à longues barbes ; calice long de 14-18 mm, entouré à la base de petites écailles à courte pointe ; pétales avec de courtes dents sur le devant.
Floraison : VI-VIII. Habitat : pelouses sèches, forêts claires, roches. Distribution : Europe centrale.
Espèce voisine : **Œillet velu,** *D. armeria*

1

2

3|4

1. Pigamon à feuilles d'ancolie

Thalictrum aquilegifolium
(Renonculacées)
Plante glabre, ramifiée à sa partie supérieure, d'1,20 m de haut. Feuilles pétiolées, 1 à 3 fois pennées ; folioles arrondies ou ovales, grossièrement dentées, vert bleuté. Inflorescence en forme de panicule, extrêmement ramifiée, riche en fleurs ; pétales petits, longs de 4-6 mm, vert-jaune ; étamines nombreuses, dépassant largement les pétales, lilas, plus rarement blancs (ce sont elles qui donnent sa teinte à la fleur). Petits fruits oblongs à maturité, longs de 5-7 mm, analogues à des akènes, avec un long pédoncule.
Floraison : V-VII. Habitat : prairies humides, forêts de bordure, arbustes hauts. Distribution : presque toute l'Europe ; Asie orientale.

2. Adonis d'été

Goutte de sang
Adonis aestivalis **!**
(Renonculacées)
Plante glabre de 40 cm de haut. Feuilles sessiles, très près les unes des autres, plusieurs fois pennatifides avec des segments étroits d'environ 1 mm de large. Fleurs solitaires, terminales, larges de 1 à 3,5 cm ; sépales apprimés, au nombre de 5, verts, glabres ; 5 à 8 pétales oblongs ; étamines nombreuses. Petits fruits très serrés les uns contre les autres, carénés sur le dessus, généralement avec 2 dents, munis à la pointe d'un court bec droit.
Floraison : V-VII. Habitat : champs de céréales ; généralement sur sol calcaire. Distribution : Europe méridionale ; Asie ; mauvaise herbe des champs chez nous.
Espèce voisine : **Adonis rouge vif,** *A. flammea* (tige couverte de poils mous à la base, sépales velus extérieurement, petits fruits avec une dent marquée à la partie inférieure et un bec recourbé sur le côté en dessous de la pointe).

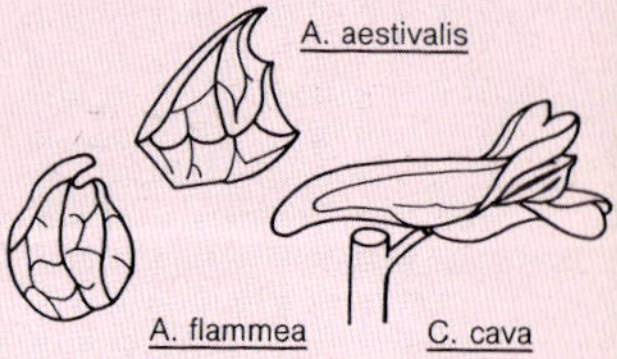

Akènes et fleurs

3. Corydale creuse

Corydalis cava
(Fumariacées)
Plante glabre, non ramifiée, de 20 cm de haut. Tige portant généralement 2 feuilles. Feuilles pétiolées, 2 fois tripartites avec des segments très découpés et dentés. Fleurs en une grappe dense ; bractées ovales, entières ; sépales petits, longs de 0,5 mm ; corolle bilabiée avec, à la base, un éperon arqué en arrière à la pointe, aussi long que le reste de la fleur.
Floraison : III-V. Habitat : forêts de feuillus, parcs. Distribution : Europe centrale.
Espèce voisine : **Corydale tubéreuse ou bec-d'oie,** *C. solida* (bractées des fleurs digitées à la pointe, pas de sépales).

1

2|3

1. Fumeterre officinale

Fumaria officinalis
(Fumariacées)
Plante glabre de 30 cm de haut. Tige peu robuste, dressée, ramifiée, souvent presque grimpante. Feuilles pétiolées, vert bleuté, 2 fois pennées ; folioles à segments profondément divisés dont la pointe est 3 à 4 fois plus longue que large. Inflorescence de 10 à 50 fleurs aux aisselles des feuilles supérieures ; bractées petites, ne faisant que la 1/2 ou les 2/3 de la longueur des pédoncules ; 2 sépales, un de chaque côté de la fleur, dentés, longs de 1,5 à 2 mm ; corolle longue de 6-9 mm, bilabiée, avec, à la base, un épais éperon obtus. Le fruit est une noix pédonculée, presque sphérique, déprimée au sommet d'un diamètre de 2-3 mm.
Floraison : IV-X. Habitat : champs, jardins, vignobles.
Distribution : Europe ; Asie occidentale, Afrique du Nord.
Espèce voisine : **Fumeterre de Vaillant,** *F. vaillantii* (pointe des feuilles 4 à 6 fois plus longue que large, sépales longs de 0,5-1 mm, rose pâle, fruit sphérique avec une toute petite pointe, pédoncule du fruit à peine plus long que la bractée), aux mêmes endroits.

2. Pavot coquelicot

Papaver rhoeas
(Papavéracées)
Plante à poils apprimés ou étalés, de 70 cm de haut. Feuilles pennatifides aux segments dentés. Fleurs solitaires terminales, penchées en boutons, dressées à la floraison ; 2 sépales à poils glanduleux, tombant au flétrissement des fleurs ; 4 pétales rouges, avec une tache noire à la base, ayant jusqu'à 4 cm de long ; étamines nombreuses. Le fruit est une capsule sphérique, couronnée de 8 à 18 stigmates soudés formant un disque, avec en dessous autant de pores de déhiscence.
Floraison : V-VII. Habitat : champs de céréales, décombres.
Distribution : presque dans le monde entier.

Capsules

Espèce voisine : **Pavot douteux,** *P. dubium* (pétales longs de 1-2 cm, ovaire et fruit oblongs, graduellement rétrécis en une sorte de pédoncule, seulement 6 à 9 rayons de stigmates), aux mêmes endroits.

3. Ciste ondulé

Cistus crispus
(Cistacées)
L'un des plus beaux Cistes. À fleurs rouge vif, à feuilles sessiles grises qui entourent en partie la tige, et fortement nervées. Les fleurs atteignent 40-60 mm de diamètre et sont pédonculées au sommet des tiges.
Floraison : V-VI. Habitat : coteaux siliceux de la région méditerranéenne.
Espèce voisine : *Cistus albidus, L.*, feuilles blanches sur les deux faces, fortement nervées, photo 3, page 113.

1

2|3

1. Dentaire digitée

Cardamine pentaphyllos
(Crucifères)
Plante glabre de 60 cm de haut, avec une tige dressée, non ramifiée. Pas de feuilles radicales à la floraison ; feuilles caulinaires alternes, pétiolées, avec 5 folioles partant du même point, dentée sur le bord. Inflorescence penchée avant l'ouverture des fleurs ; sépales glabres, longs de 7-9 mm ; pétales violets, longs de 15-25 mm ; étamines plus courtes que la corolle ; anthères jaunes. Le fruit est une silique ayant 4-7 cm de long et jusqu'à 5 mm de large.
Floraison : IV-VI. Habitat : forêts mixtes de feuillus, arbustes hauts, gorges des ruisseaux. Distribution : régions montagneuses d'Europe centrale et d'Europe méridionale.

2. Dentaire à bulbilles

Cardamine bulbifera
(Crucifères)
Plante de 60 cm de haut, velue uniquement à la base de la tige, sinon glabre. Tige dressée, non ramifiée. Pas de feuilles radicales à la floraison ; feuilles caulinaires inférieures pennées, avec 3 à 7 folioles au bord denté, souvent disposées en verticilles ; feuilles caulinaires supérieures non divisées, dentées, avec de petites bulbilles violet-brun aux aisselles ; ces bulbilles tombent par la suite et donnent naissance à de nouveaux pieds ; sépales longs de 6-7 mm, glabres ; pétales longs de 12-20 mm, violets, roses ou blanchâtres ; anthères jaunes. Le fruit ne se développe généralement pas.
Floraison : V-VI. Habitat : forêts de feuillus, surtout de hêtres. Distribution : vastes régions d'Europe ; Asie Mineure.

3. Cardamine des prés

Cressonnette
Cardamine pratensis
(Crucifères)
Plante presque glabre de 30 cm de haut. Feuilles radicales en rosette, pétiolées, pennées, avec 4 à 14 folioles latérales arrondies et une foliole terminale un peu plus grande, atteignant 1,5 cm de large ; feuilles caulinaires sessiles avec d'étroites folioles linéaires sessiles. Fleurs quadripartites, ayant jusqu'à 1 cm de large ; sépales longs de 2,8-4 mm ; pétales longs de 8-13 mm, rose pâle ou blancs. Fruit long de 2-4 cm et large de 1-1,5 mm.
Floraison : V-VII. Habitat : prairies humides, broussailles, forêts de bordure. Distribution : Europe ; Asie, Amérique du Nord.

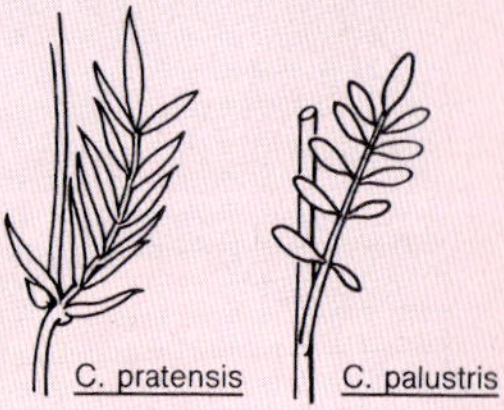

Feuilles caulinaires

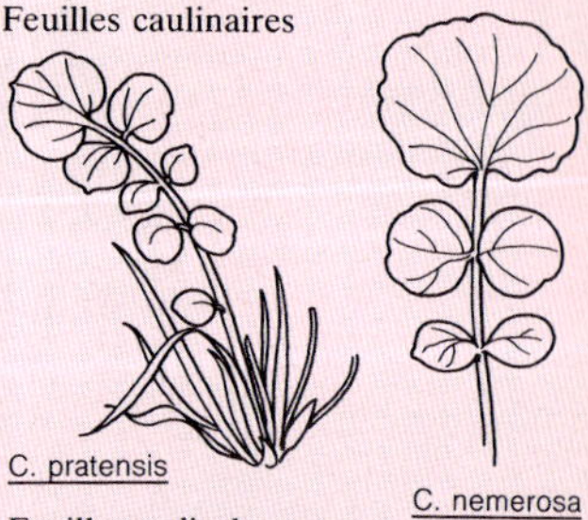

Feuilles radicales

Espèces voisines : **Cardamine des marais,** *C. palustris* (sépales longs de 4-6 mm, folioles des feuilles caulinaires pétiolulées). — **Cardamine des bois,** *C. nemerosa* (feuilles radicales avec une grande foliole terminale, pétales rose vif).

1

2|3

1. Joubarbe des toits

Artichaut de murailles
Sempervivum tectorum **!**
(Crassulacées)
Plante de 50 cm de haut avec une tige feuillée, couverte de poils glanduleux et de poils laineux et des rosettes ouvertes, larges de 2-5 cm. Feuilles des rosettes vert bleuté, glabres, au bord cilié, devenant rouges vers la pointe. 12 à 16 pétales, longs de 9-11 mm, rose pourpre avec des raies plus foncées ; filets des étamines pourpres.
Floraison : VI-IX. Habitat : pentes rocheuses, murs, toits, pelouses sèches. Distribution : presque toute l'Europe.

2. Sédum reprise

Grand Orpin blanc
Sedum telephium (maximum)
(Crassulacées)
Plante herbacée vivace, de 60 cm, à tige dressée, épaisse. Feuilles planes, ovales, sessiles, subcordées, dentées irrégulièrement, charnues, glauques, alternées, opposées ou verticillées, sessilles. Influorescence terminale dense. Panicule. Fleurs jaune verdâtre ou roses à rouge foncé. 5 pétales lancéolés, 10 étamines.
Floraison : VI-IX. Habitat : lieux rocheux, crevasses, montagnes siliceuses, bois en altitude. Distribution : toute l'Europe.

3. Sanguisorbe officinale

Grande pimprenelle
Sanguisorba officinalis
(Rosacées)
Plante à tige peu feuillée, de 90 cm de haut. Feuilles pennées avec des folioles grossièrement dentées ; feuilles radicales en rosette ; feuilles caulinaires alternes, plus petites. Fleurs rouge brunâtre, petites, sans pétales, en inflorescences ovoïdes presque sphériques.
Floraison : VI-IX. Habitat : prairies, fosses, bords des chemins. Distribution : presque toute l'Europe ; à l'est jusqu'au Japon.

4. Trèfle des champs

Trifolium arvense
(Papilionacées)
Plante couverte de poils gris, atteignant 40 cm de haut. Feuilles trimères. Inflorescences oblongues ovales, longues de 1-3 cm, larges de 1 cm, pédonculées, avec des poils laineux ; corolle longue de 3-4 mm, plus courte que le calice, tout d'abord blanche, puis rose.
Floraison : V-VIII. Habitat : bords des chemins, champs, pelouses lacunaires ; sur sols pauvres en calcaire. Distribution : Europe ; presque dans le monde entier.

5. Trèfle des Alpes

Trifolium alpestre
(Papilionacées)
Plante de 40 cm de haut, avec une tige couverte de poils apprimés. Feuilles tripartites ; folioles étroites, ayant jusqu'à 8 cm de long, glabres sur le dessus, velues sur le dessous. Inflorescences sphériques à ovoïdes, à peine pédonculées, entourées des feuilles les plus hautes ; calice à 20 nervures, fleurs longues de 10-15 mm.
Floraison : VI-VIII. Habitat : broussailles, forêts claires, prairies sèches. Distribution : presque dans toute l'Europe.

1

2|3

4|5

1. Bugrane épineuse

Arrête-bœuf

Ononis spinosa

(Papilionacées)

Plante de 50 cm de haut, avec une tige portant 1 à 2 rangées de poils, sinon glabre. Aux aisselles des feuilles, généralement des épines par paires. Feuilles inférieures tripartites, celles du haut souvent non divisées. Fleurs à court pédoncule, le plus souvent solitaires aux aisselles des feuilles caulinaires supérieures ; corolle longue de 1-2,5 cm. Floraison : VII-X. Habitat : pelouses sèches, friches, chemins ; sur sol calcaire. Distribution : Europe centrale.

2. Esparcette à feuilles de vesce

Sainfoin

Onobrychis viciifolia

(Papilionacées)

Plante à tige dressée, feuillée, de 60 cm de haut. Feuilles jusqu'à 15 cm de long, pennées ; folioles elliptiques à oblongues, velues sur le dessous. Fleurs roses à rouges ; pétales veinés de foncé, jusqu'à 15 mm de long. Fruit hémisphérique de près de 10 mm de long, au bord denté.

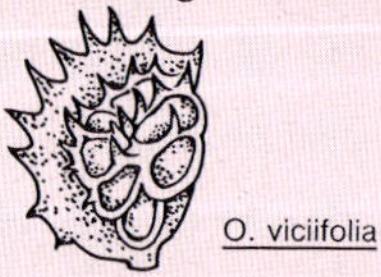

Fruit

Floraison : V-VII. Habitat : prairies, bords des chemins, champs ; sur sol calcaire. Distribution : presque dans toute l'Europe.

3. Coronille bigarrée

Faucille

Coronilla varia

(Papilionacées)

Plante presque glabre de 80 cm de haut. Tige couchée ou montant sur d'autres plantes. Feuilles pétiolées, pennées, avec de 11 à 25 folioles ; folioles ovales à pointe redressée. Inflorescences à long pédoncule ; fleurs penchées en boutons, étalées à l'horizontale quand elles sont ouvertes ; corolle longue de 0,8-1,5 cm ; étendard rose à violet clair ; ailes blanches ; carène à pointe violet foncé. Fruit dressé à la verticale, long de 2-8 cm, à 4 arêtes obtuses, articulé. Floraison : V-X. Habitat : prairies sèches, bords des chemins, broussailles, friches ; sur sol calcaire. Distribution : presque toute l'Europe ; Caucase, Asie Mineure.

4. Vesce cracca

Jarosse

Vicia cracca

(Papilionacées)

Plante d'1,50 m de haut, à tige couchée ou grimpante. Feuilles pennées, avec de 10 à 20 folioles, se terminant par des vrilles ramifiées. Inflorescences à long pédoncule, riches en fleurs ; corolle longue de 0,8-1,1 cm ; onglet de l'étendard mesurant 3/4 à 1 1/4 fois la longueur de la partie supérieure (lame) ; calice déporté en biais à l'avant, peu velu.

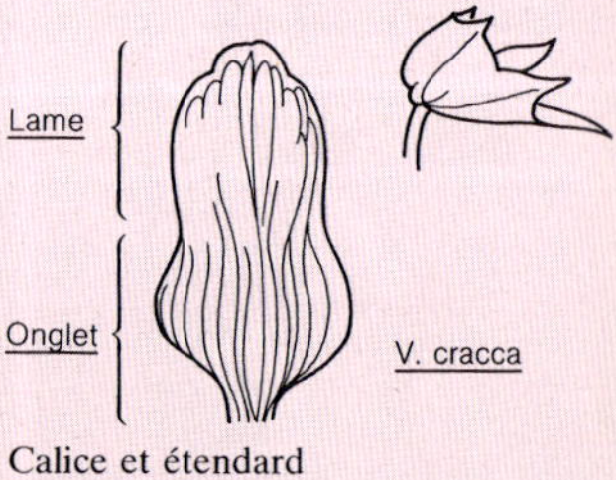

Calice et étendard

Floraison : VI-IX. Habitat : prairies, champs, broussailles, lisières des forêts. Distribution : Europe ; Asie.

1|2

3

4

1. Vesce des haies

Vicia sepium
(Papilionacées)
Plante presque glabre de 50 cm de haut. Feuilles pennées, les plus basses sans vrilles, toutes les autres avec des vrilles ramifiées ; folioles larges et elliptiques, velues au bord et sur le dessous. Fleurs groupées par 4 en grappes à court pédoncule aux aisselles des feuilles ; corolle ayant jusqu'à 15 mm de long ; ouverture du calice en biais ; dents du calice d'inégales longueurs. Fruits ayant jusqu'à 4 cm de long, noir brillant.
Floraison : V-VII. Habitat : prairies, broussailles, forêts. Distribution : presque toute l'Europe ; Asie occidentale et Asie centrale.

2. Vesce cultivée

Jarosse
Vicia sativa
(Papilionacées)
Plante légèrement velue de 50 cm de haut. Feuilles pennées aux folioles ovales, terminées par une vrille ramifiée ; stipules dentées. Fleurs solitaires, presque sessiles aux aisselles des feuilles ; corolle longue de 1,5-2 cm, rose à violet rougeâtre ; dents du calice aussi longues que le tube. Fruits bruns ayant jusqu'à 7 cm de long.
Floraison : VI-IX. Habitat : champs, bords des chemins. Distribution : presque toute l'Europe ; cultivée comme plante fourragère et répandue presque dans le monde entier.

3. Gesse tubéreuse

Macusson
Lathyrus tuberosus **!**
(Papilionacées)
Plante presque glabre d'1 m de haut, avec une tige couchée ou grimpante. Feuilles à 2 folioles et une vrille simple ou ramifiée ; folioles elliptiques, parallélinervées. Inflorescence à long pédoncule, groupant 3 à 5 fleurs ; corolle longue de 1,3-1,8 cm ; calice glabre ; dents du calice d'inégales longueurs.
Floraison : VI-VIII. Habitat : champs, bords des chemins, friches. Distribution : presque toute l'Europe ; à l'est jusqu'en Asie centrale et en Sibérie.

4. Gesse printanière

Lathyrus vernus
(Papilionacées)
Plante presque glabre de 30 cm de haut. Tige dressée, non ramifiée. Feuilles pennées, avec 4 à 8 folioles et une courte pointe à l'extrémité ; folioles larges et lancéolées, penninervées. Inflorescence à long pédoncule ; fleurs penchées ; corolle longue de 1,5-2 cm, tout d'abord rouge, puis bleue et enfin bleu-vert ; dents du calice d'inégales longueurs. Fruit ayant jusqu'à 6 cm de long, linéaire, glabre.
Floraison : IV-V. Habitat : forêts de feuillus ; sur sol calcaire. Distribution : presque toute l'Europe ; à l'est jusqu'au Caucase, Sibérie.

1

2|3

4

1. Géranium sanguin

Geranium sanguineum
(Géraniacées)
Plante à poils étalés, de 60 cm de haut. Tige couchée à montante, ramifiée et fourchue. Feuilles sur la tige, opposées, divisées en 7 parties presque jusqu'à la base, avec des segments profondément découpés ; stipules petites. Fleurs souvent solitaires, à long pédoncule ; pédoncules floraux et sépales couverts de poils glanduleux ; sépales longs de 8-12 mm, à pointe redressée ; pétales irrégulièrement arrondis. Fruit long de 3-4 cm.
Floraison : V-IX. Habitat : pentes rocheuses, pelouses sèches, broussailles, lisières des forêts. Distribution : presque toute l'Europe ; Caucase, Asie Mineure.

2. Géranium de Robert

Bec-de-grue
Geranium robertianum
(Géraniacées)
Plante à poils épars de 50 cm de haut, dégageant une odeur désagréable. Feuilles sur la tige, opposées, avec un contour de 3 à 5 angles, divisées en 3 à 5 parties jusqu'à la base, avec des segments profondément découpés. Fleurs généralement par paires, à court pédoncule ; pédoncules floraux et calice couverts de poils glanduleux et de poils non glanduleux ; sépales longs de 6-8 mm, dressés, à pointe relevée ; pétales longs de 9-12 mm, arrondis sur le devant ; anthères orangées. Fruit long de 1,5-2,5 cm.
Floraison : V-X. Habitat : forêts, broussailles, coupes, murs. Distribution : Europe ; presque toute l'Asie, Amérique du Nord, Afrique du Nord.

3. Géranium à feuilles rondes

Mauvin
Geranium rotundifolium
(Géraniacées)
Plante à poils étalés glanduleux, de 40 cm de haut. Feuilles arrondies, divisées en 9 parties jusqu'au milieu, avec des segments dentés. Fleurs par paires, à court pédoncule ; pétales longs de 5-6,5 mm. Fruit long de 1,5-2 cm.
Floraison : VI-VII. Habitat : lieux secs, bords des chemins, murs. Distribution : Europe méridionale et Europe centrale.
Espèce voisine : **Géranium grêle,** *G. pusillum* (feuilles plus découpées et de petits pétales de 2,5-4 mm de long), Europe.

Feuilles

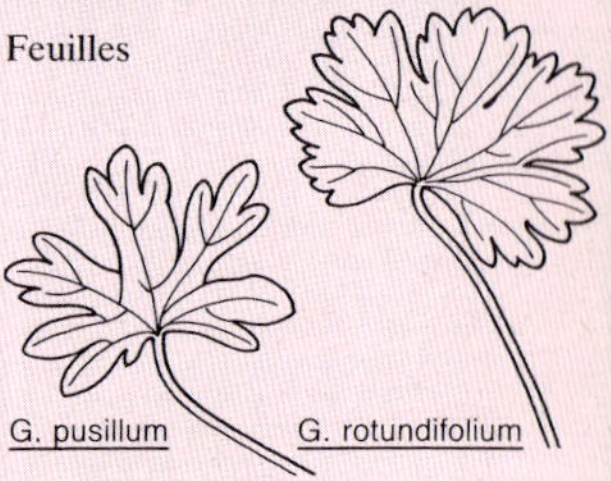

4. Erodium à feuilles de ciguë

Bec-de-grue commun
Erodium cicutarium
(Géraniacées)
Plante velue de 40 cm de haut. Feuilles pennatifides jusqu'à la nervure médiane, segments profondément découpés. Inflorescences à long pédoncule, avec, à la base, une gaine foliaire membraneuse blanche ; sépales longs de 4-7 mm, avec une courte pointe redressée ; pétales longs de 5-9 mm, ceux du haut généralement tachés de foncé à la base. Fruit long de 3-4 cm.
Floraison : V-X. Habitat : champs, bords des chemins, décombres, pelouses sèches. Distribution : presque cosmopolite.

1

2|3

4

1. Lin rose

Linum viscosum **!**
(Linacées)
Plante à poils courts de 60 cm de haut, avec une tige densément feuillée. Feuilles lancéolées, de 3 à 5 nervures, au bord cilié de poils glanduleux. Sépales longs de 6-9 mm, lancéolés, bordés de cils glanduleux ; pétales ayant jusqu'à 25 mm de long, roses, bleus quand ils sont fanés. Fruit arrondi, long de 3,5-4,5 mm.
Floraison : V-VII. Habitat : pelouses sèches, lisières des forêts. Distribution : vastes régions d'Europe.

2. Fraxinelle commune

Dictamnus albus **!**
(Rutacées)
Plante à odeur de cannelle d'1,20 m de haut, couverte surtout dans le haut de poils étalés, avec de nombreux points glanduleux noirs. Feuilles pétiolées, pennées, avec 7 à 11 folioles finement dentées. Fleurs à l'extrémité de la tige, légèrement zygomorphes, ayant jusqu'à 5 cm de large, pentamères ; sépales longs de 6-8 mm ; pétales longs de 2-3 cm, roses avec des veines plus foncées, 4 dirigés vers le haut et le plus bas arqué en arrière. Fruit pentamère long de 1 cm.
Floraison : V-VI. Habitat : pentes sèches, forêts claires, broussailles. Distribution : Europe centrale et Europe méridionale ; Asie.
Intéressant pour la biologie : la fraxinelle, comme toutes les rutacées dont les agrumes font également partie, contient beaucoup d'huiles essentielles qui se dégagent les jours de chaleur en quantité telle que l'air en est totalement imprégné sur une grande surface. Ce phénomène constitue une protection efficace contre une trop forte évaporation d'eau.

3. Mauve sylvestre

Malva sylvestris
(Malvacées)
Plante d'1,20 m de haut. Tige couchée ou montante. Feuilles pétiolées, divisées au 1/3 au maximum en (3-) 5 à 7 parties, avec des lobes ovales et dentés. Fleurs en touffes aux aisselles des feuilles ; 5 sépales, concrescents jusqu'à la moitié ; 2 à 3 sépales du calicule libres ; pétales longs de 2-3 cm, profondément échancrés, avec des nervures foncées. Fruit d'environ 1 cm de large ; fractions de fruit au dos creusé de fossettes irrégulièrement anguleuses et avec des raies radiales peu marquées sur les côtés.

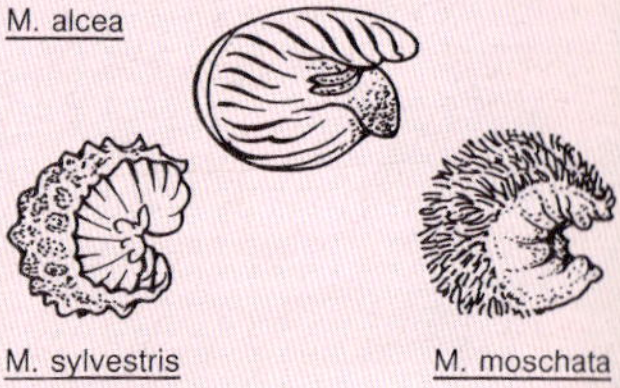

Fractions des fruits

Floraison : V-IX. Habitat : bords des chemins, friches, talus des routes, champs. Distribution : presque cosmopolite.
Espèces voisines : **Mauve alcée,** *M. alcea* (feuilles caulinaires découpées presque jusqu'à la base, fractions de fruit glabres avec des côtes longitudinales sur le dos, ridées sur les côtés). — **Mauve musquée,** *M. moschata* (feuilles caulinaires découpées presque jusqu'à la base, fractions de fruit au dos très velu, lisses, avec les côtés lisses).

1|2

3

1. Daphné camélé

Daphne cneorum + !

(Thyméléacées)

Sous-arbrisseau nain de 30 cm de haut, aux rameaux ramifiés écarquillés et couverts de poils apprimés. Feuilles étroites cunéiformes à spatulées, obtuses, coriaces, restant des années sur la plante, vert foncé sur les deux faces, réparties régulièrement sur les branches. Fleurs en touffes à l'extrémité des rameaux ; pas de pétales (c'est le calice tubulaire, rouge rosé, à 4 dents étalées qui tient lieu de fleur) ; tube du calice densément couvert à l'extérieur de poils apprimés. Fruit velu.

Floraison : V-VIII. Habitat : pentes sèches, landes, pinèdes claires ; généralement sur sol calcaire. Distribution : Europe centrale et Europe méridionale.

2. Bois-Gentil

Daphne mezereum +

(Thyméléacées)

Petit arbuste, de 50 à 150 cm, peu ramifié, bois grisâtre. Tige ramifiée, dressée, à écorce ridée. Feuilles entières, fines, de 5 à 7 cm, caduques. Pas de feuilles à floraison, mais touffes de poils aux extrémités des rameaux. Fleurs sur rameaux non feuillés, rose vif à rouge-violet, très odorantes. Fruits : baies rouges en petits glomérules latéraux.

Floraison : II-V. Habitat : sous-bois, clairières de forêts, taillis. Distribution : Midi méditerranéen en haute altitude, rare en France. Europe.

Espèces voisines : **Garou,** *D. gnidium* (rameaux lisses, très feuillés ; grappes terminales à petites fleurs blanchâtres), en région méditerranéenne littorale. — **Camélée des Alpes,** *D. cneorum,* dans l'Est de la France et sur les landes. — **Daphné strié,** *D. striata* (fleurs roses, glabres à l'extérieur, tiges en candélabre), dans les Alpes. — *D. alpina* (fleurs blanches, feuilles caduques), dans les montagnes calcaires de l'Est et du Centre. — **Lauréole,** *D. Laureola* (peu ramifié, grandes feuilles persistantes, fleurs verdâtres en petites grappes pendantes), dans les bois rocailleux.

3. Salicaire commune

Lysimaque rouge

Lythrum salicaria

(Lythracées)

Plante à poils étalés, de 2 m de haut. Tige dressée, anguleuse, feuillée. Feuilles ayant jusqu'à 10 cm de long, lancéolées, sessiles, arrondies à la base, les plus basses opposées ou verticillées par 3, celles du milieu alternes ou opposées, celles du haut alternes. Inflorescences ayant généralement plus de 10 cm de long ; fleurs à très court pédoncule, en groupes aux aisselles de bractées ; calice long de 5-7 mm, à 12 côtes ; 6 dents de calice, comportant parmi elles des formations semblables plus longues (calicule) ; 6 pétales longs de 8-12 mm, rouge pourpre, violets, parfois roses ou plus rarement blancs ; 12 étamines.

Floraison : VI-IX. Habitat : tourbières, fosses, rives, dépôts alluvionnaires. Distribution : presque toute l'Europe ; à l'est jusqu'au Japon, Afrique du Nord.

Intéressant pour la biologie : les salicaires présentent le phénomène de l' « hétérostylie », caractérisé par l'inégalité de longueur des styles et des étamines (phénomène que l'on retrouve chez les primulacées). On distingue les races à styles courts, à styles moyens ou à styles longs, avec diverses combinaisons de longueurs d'étamines.

1|2

3

1. Epilobe en épi

Epilobium angustifolium
(Œnothéracées)
Plante à tige dressée et feuillée, d'1,80 m de haut. Feuilles alternes, lancéolées, plurinervées, ayant jusqu'à 15 cm de long et 2 de large, au bord arqué vers le bas, vert foncé sur le dessus, vert bleuté sur le dessous. Fleurs tétramères, ayant jusqu'à 3 cm de large, légèrement zygomorphes, en une grappe terminale ; sépales étroits, presque aussi longs que les pétales, rougeâtres ; pétales inégaux, arrondis, étalés. Capsule ayant jusqu'à 5 cm de long, à courts poils, souvent lavée de rouge.
Floraison : VI-IX. Habitat : coupes de bois, bords des chemins, arbustes hauts, rives, décombres, broussailles. Distribution : presque toute l'Europe ; Asie, Amérique du Nord.

2. Epilobe hirsute

Epilobium hirsutum
(Œnothéracées)
Plante d'1,50 m de haut, densément couverte de poils étalés, avec une tige feuillée, généralement cylindrique, qui porte des poils glanduleux dans l'inflorescence. Feuilles lancéolées à elliptiques, dentées, opposées dans la moitié inférieure de la tige, souvent amplexicaules, devenant peu à peu alternes vers le haut. Fleurs solitaires aux aisselles des feuilles caulinaires supérieures ; 4 sépales longs de 8-10 mm, allant en s'effilant en pointe ; 4 pétales longs de 12-18 mm, échancrés sur le devant ; étamines et style dressés ; stigmates étalés en étoile. Fruit ayant jusqu'à 5 cm de long.
Floraison : VI-IX. Habitat : rives des cours d'eau, fosses, arbustes hauts. Distribution : presque toute l'Europe ; vastes régions d'Asie, Afrique du Nord.

3. Epilobe des montagnes

Epilobium montanum
(Œnothéracées)
Plante d'1 m de haut. Tige ramifiée dans le haut où elle est également couverte de poils glanduleux étalés. Feuilles lancéolées à elliptiques, dentées, opposées dans la moitié inférieure de la tige, presque sessiles. Fleurs solitaires aux aisselles des feuilles caulinaires supérieures ; sépales pointus ; pétales longs de 8-12 mm, échancrés sur le devant. Fruit à poils apprimés arqués et à poils glanduleux étalés.
Floraison : VII-IX. Habitat : forêts, haies, jardins. Distribution : presque toute l'Europe ; à l'est jusqu'en Sibérie.
Espèces voisines : **Epilobe des collines,** *E. collinum* (avec des sépales obtus, des pétales longs de 4-6 mm et des fruits sans poils glanduleux). — **Epilobe à feuilles lancéolées,** *E. lanceolatum* (avec des pétioles marqués, longs de 4-10 mm).

1

2|3

1. Bruyère cendrée

Erica cinerea
(Ericacées)
Sous-arbrisseau de 50 cm sempervirent. Feuilles petites, linéaires, verticillées par 3, avec feuilles plus petites à leur aisselle, bords enroulés. Fleurs terminales en longues grappes, ovoïdes, pourprées. Calice glabre, vert.
Floraison : VI-VIII. Habitat : Landes siliceuses, plaines jusqu'à 1 500 m, bois secs. Distribution : Sud-Ouest, Centre, Flandres ; très commune en Bretagne et toutes les côtes atlantiques.
Espèces voisines : **Bruyère de Saint-Daboec,** *D. cantabrica.* — **Bruyère bleue,** *P. coerulea,* en haute montagne. — **Bruyère d'hiver,** *E. herbacea* (à feuilles en aiguille), dans les Alpes, Europe centrale. — **Bruyère des neiges,** *E. carnea.*

2. Bruyère des marais

Caminet, clarin
Erica tetralix
(Ericacées)
Sous-arbrisseau nain de 70 cm de haut, avec des rameaux densément couverts de poils blancs. Feuilles longues de 3-5 mm, aciculaires, persistantes, verticillées par 3 ou 4, avec sur le bord de courts poils glanduleux à tête rouge. Fleurs serrées formant une sorte de capitule, corolle longue de 6-8 mm, étroite et ovale ; sépales verts, égalant à peu près le 1/3 de la longueur des pétales ; anthères avec des appendices cornus à la base, ne dépassant pas la corolle.
Floraison : VI-IX. Habitat : tourbières, terrains sablonneux très humides ; évite les sols calcaires. Distribution : Europe centrale.

3. Oxycoccos

Canneberge
Vaccinium oxycoccus
(Ericacées)
Sous-arbrisseau nain aux rameaux rampants filiformes, d'1 m de long. Feuilles alternes, persistantes, ovales à lancéolées, ayant jusqu'à 1 cm de long, au bord enroulé vers le bas. Fleurs solitaires sur de longs pédoncules filiformes ; corolle divisée presque jusqu'à la base, avec les 4 lames des pétales arquées en arrière et longues de 5-7 mm ; 4 sépales semi-circulaires ; anthères avec des appendices tubulaires. Le fruit est une baie rouge sphérique de 1 cm d'épaisseur.
Floraison : VI-VIII. Habitat : tourbières. Distribution : Europe septentrionale ; Asie, Amérique du Nord.

4. Bruyère commune

Brande
Calluna vulgaris
(Ericacées)
Sous-arbrisseau de 1 m de haut. Feuilles persistantes, disposées par groupes de 4 et se chevauchant comme les tuiles d'un toit, longues de 1-3 mm. Fleurs en grappes unilatérales ; calicule composé de 4 bractées vertes ; sépales roses, longs de 4 mm, deux fois plus longs que les pétales, non concrescents ; pétales soudés aux 2/3.
Floraison : VIII-X. Habitat : landes, tourbières pinèdes. Distribution : Europe.

1

2|3

4

1. Laurier-rose des Alpes

Rhododendron ferrugineum **!**
(Ericacées)
Petit arbuste de 40 à 120 cm. Très buissonnant. Rameaux sempervirent, peu feuillus en bas ; feuilles allongées luisantes vertes dessus, couleur rouille dessous, entières, sans cils, enroulées au bord, lancéolées. Fleurs, 2 cm environ, ombelles terminales denses, pétales soudés.
Floraison : V-VIII. Habitat : très haute montagne, landes sur silice, sols caillouteux et non humides. Distribution : Jura, Alpes, Pyrénées, Europe centrale.
Espèces voisines : **Rhododendron hérissé,** *R. hirsutum* (très ramifié, très feuillu ; feuilles vertes, ciliées au bord, elliptiques ou allongées, ovales-renversées, non enroulées ; fleurs plus roses), sur sols calcaires, alpin, rare et à protéger.

2. Primevère farineuse

Primula farinosa **!**
(Primulacées)
Plante à feuilles radicales, de 30 cm de haut. Feuilles enroulées en arrière quand elles sont jeunes, spatulées, légèrement ridées et vertes sur le dessus, farineuses sur le dessous, au bord généralement crénelé à scié. Fleurs longues de 10-15 mm, sur une hampe farineuse dans le haut ; corolle pentalobée, large de 8-15 mm, rose avec la gorge jaune ; calice long de 4-6 mm, à peu près de la longueur du tube de la corolle.
Floraison : V-VII. Habitat : tourbières, pelouses, éboulis ; toujours sur sol calcaire. Distribution : Alpes et Préalpes, régions arctiques et montagnes d'Europe, d'Asie et d'Amérique du Nord.

3. Cyclamen d'Europe

Cyclamen purpurascens **!**
(Primulacées)
Plante de 20 cm de haut avec de larges feuilles ovales à réniformes, obtuses, persistant plusieurs années, à bord presque lisse ou dentelé, au limbe marbré de blanc et pourpre sur le dessous, légèrement charnues. Fleurs solitaires, penchées, odorantes ; tache sombre à la gorge ; lobes de la corolle atteignant 20 mm de long, rabattus en arrière ; pédoncules floraux longs, s'enroulant à partir de la pointe à l'époque de la fructification.
Floraison : VI-IX. Habitat : forêts, broussailles, pelouses lacunaires ; toujours sur sol calcaire. Distribution : régions montagneuses d'Europe centrale et d'Europe méridionale.

4. Mouron des champs

Anagallis arvensis
(Primulacées)
Plante glabre de 10 cm de haut, avec tige quadrangulaire couchée. Feuilles opposées, ayant jusqu'à 2 cm de long, ovales à lancéolées, pointues, sessiles. Fleurs solitaires aux aisselles des feuilles, pentamères, à long pédoncule ; sépales longs de 4-5 mm, concrescents à la base ; corolle longue de 5-7 mm, divisée presque jusqu'à la base, généralement rouge, parfois bleue, rose, avec des lobes étalés à plat, entiers, bordés de poils glanduleux (poils tricellulaires). Le fruit est une pyxide longue de 4-5 mm.
Floraison : VI-X. Habitat : champs, décombres, friches. Distribution : presque cosmopolite.
Espèce voisine : **Mouron bleu,** *A. foemina* (corolle toujours bleue, lobes des pétales finement dentés avec quelques rares poils quadricellulaires).

1

2|3

4

1. Gentiane d'Allemagne !

Gentiana germanica
(Gentianacées)
Plante souvent extrêmement ramifiée, de 50 cm de haut. Feuilles ovales, pointues. Fleurs généralement pentamères, barbues à la gorge, violettes ; calice tubulaire à dents lancéolées, lisses.
Floraison : V-X. Habitat : prairies maigres, pâturages, tourbières. Distribution : Europe centrale et Scandinavie.
Espèce voisine : **Gentiane des champs,** *G. campestris* (fleurs tétramères), aux mêmes endroits de l'Europe septentrionale aux Pyrénées et aux Alpes.

2. Saladelle

Lavande de mer
Limonium vulgare
(Plombaginacées)
Plante glabre de 50 cm de haut. Feuilles toutes radicales, pétiolées, ovales, à bord cartilagineux. Tige ramifiée avec inflorescences ombelliformes, riches en fleurs. Fleurs petites, violet rougeâtre.
Floraison : VIII-IX. Habitat : sables maritimes, prés salés. Distribution : littoral de presque toute l'Europe et d'Afrique du Nord.

3. Statice maritime

Œillet marin
Armeria maritima
(Plombaginacées)
Plante de 40 cm de haut. Feuilles en rosette radicale, étroites et linéaires, ciliées. Tige glabre. Inflorescence terminale, analogue à un capitule ; bractées involucrales soudées en tube sous le capitule.
Floraison : VI-VIII. Habitat : littoral marin, prés salés, plages de sable ; sur sol contenant des métaux lourds. Distribution : sous diverses races en Europe centrale.

4. Petite centaurée !

Centaurium minus
(Gentianacées)
Plante glabre de 30 cm de haut. Feuilles inférieures groupées en une rosette, étroites et ovales ; feuilles caulinaires opposées en croix, ovales. Inflorescence en cyme corymbiforme ; fleurs rouges, lames des pétales ovales, obtuses, étalées en étoile.
Floraison : VII-IX. Habitat : prairies, clairières, pentes sèches. Distribution : Europe ; Asie, Afrique du Nord.
Espèce voisine : **Petite centaurée délicate,** *C. pulchellum* (sans feuilles radicales en rosette, avec une tige extrêmement ramifiée et des lames de pétale lancéolées et pointues), dans les prés et les champs humides.

5. Liseron de mer !

Calystegia soldanella
(Convolvulacées)
Plante glabre de 15 cm de haut, avec des tiges couchées à peine volubiles. Feuilles alternes, réniformes, légèrement charnues. Fleurs pédonculées, protégées à la base par 2 bractées ovales et obtuses ; corolle ayant jusqu'à 5 cm de large, en forme d'entonnoir, rougeâtre avec 5 raies blanches.
Floraison : VI-VIII. Habitat : dunes du bord de mer. Distribution : côtes de presque toute l'Europe.

1

2|3

4|5

1. Verveine officinale !

Verbena officinalis
(Verbénacées)
Plante de 80 cm de haut. Tige quadrangulaire, ramifiée dans le haut, à poils rudes sur les arêtes, sinon glabre. Feuilles opposées, celles du bas à peine pétiolées et seulement grossièrement dentées, celles du milieu 3 à plusieurs fois pennatifides, celles du haut à nouveau seulement dentées. Inflorescences en épi, grêles et lâches ; axe floral et calice à poils glanduleux ; corolle longue de 3-5 mm, tubulaire à sa partie inférieure, avec un bord pentalobé, bilabié, étalé à plat à sa partie supérieure ; calice tubulaire avec 4 à 5 dents, long de 2 mm.

V. officinalis

Fleur

Floraison : VII-IX. Habitat : bords des chemins, friches, décombres, pâturages. Distribution : presque toute l'Europe ; vastes régions d'Asie, Afrique du Nord.
Remarque : cette espèce préfère les sols un peu nitrés, avec peu de concurrence ; elle était autrefois une plante typique de bordure, le long des palissades de jardin ou sur les pelouses de village. Elle a tendance actuellement à se raréfier du fait des campagnes d' « embellissement des villages », avec la construction de trottoirs et de routes asphaltées et l'aménagement de pelouses d'agrément.

2. Germandrée petit-chêne

Teucrium chamaedrys
(Labiacées)
Plante de 30 cm de haut, avec des tiges lignifiées à la base. Tige velue. Feuilles dégageant une odeur épicée au frottement, ovales, dentées. Inflorescence unilatérale ; fleurs généralement groupées à plusieurs aux aisselles des feuilles supérieures, avec un court pédoncule ; calice long de 6-8 mm, à 5 dents assez égales, à 2 lèvres peu prononcées, velu ; corolle longue de 1-1,5 cm, n'ayant apparemment qu'une lèvre inférieure (lèvre supérieure bipartite dont les lobes sont écartés latéralement, → dessin p. 72/2).
Floraison : VII-VIII. Habitat : pentes rocheuses, pelouses sèches, forêts claires. Distribution : vastes régions d'Europe ; Asie Mineure, Afrique du Nord.

3. Galéopsis à feuilles étroites

Galeopsis angustifolia
(Labiacées)
Plante de 30 cm de haut. Feuilles étroites lancéolées, entières ou peu dentées, parsemées de quelques poils. Fleurs en inflorescences verticillées aux aisselles des feuilles supérieures ; bractées à pointe épineuse ; calice en cloche étroite, à 10 nervures, avec 5 dents pointues de même longueur ; corolle à tube se prolongeant vers l'avant, longue de 1-2 cm ; lèvre supérieure entière, en forme de casque ; lèvre inférieure trilobée ; partie centrale bipartite, avec une « dent » creuse de chaque côté à la base.
Floraison : VI-X. Habitat : éboulis, voies ferrées, champs pierreux, gravières. Distribution : vastes régions d'Europe.

1

2|3

1. Lamier tacheté

Lamium maculatum
(Labiacées)
Plante de 50 cm de haut, à tige quadrangulaire. Feuilles pétiolées, opposées, ovales, dentées. Calice en cloche étroite, à 5 nervures ; corolle longue de 2-3 cm, à tube arqué vers l'avant ; lèvre inférieure tripartite et tachetée. Floraison : IX-X. Habitat : forêts, broussailles, bords des chemins, décombres. Distribution : presque toute l'Europe ; Asie occidentale et Asie Mineure.

2. Lamier pourpre

Lamium purpureum
(Labiacées)
Plante de 20 cm de haut, à tige quadrangulaire. Feuilles opposées, pétiolées, cordiformes, dentées. Calice en cloche étroite ; corolle longue de 0,8-1,2 cm, à tube étroit et droit ; lèvre inférieure tripartite, ses lobes latéraux avec une dent filiforme ; anthères violettes, à poils blancs.
Floraison : IV-X. Habitat : champs, jardins, décombres, carrières d'argile. Distribution : Europe ; Asie.

3. Epiaire officinal

Bétoine
Stachys officinalis
(Labiacées)
Plante de 70 cm de haut, avec des rosettes de feuilles stériles à l'époque de la floraison. Feuilles pétiolées, étroites, ovales à base cordiforme, crénelées. Calice long de 5-7 mm et corolle longue de 1-1,5 cm ; lèvre supérieure plate, presque droite vue de côté ; étamines étirées et droites.
Floraison : VII-IX. Habitat : pelouses sèches, prés d'épandage, forêts claires. Distribution : presque toute l'Europe ; Asie occidentale, Afrique du Nord.

4. Epiaire des marais

Stachys palustris
(Labiacées)
Plante d'1 m de haut. Tige quadrangulaire peu velue. Feuilles à base cordiforme, sessiles ou à très court pétiole, étroites et lancéolées. Calice long de 7-10 mm, en forme de cloche, avec de courts poils ; corolle longue de 14-17 mm, couverte extérieurement de courts poils ; lèvre supérieure entière, bombée en casque ; lèvre inférieure trilobée, avec des taches foncées ; étamines arquées latéralement vers l'extérieur.
Floraison : VI-IX. Habitat : rives, prairies très humides, fosses, champs humides. Distribution : presque toute l'Europe ; Asie, Amérique du Nord.

5. Epiaire des bois

Stachys sylvatica
(Labiacées)
Plante d'1 m de haut. Tige quadrangulaire à poils étalés, d'odeur désagréable. Feuilles pétiolées, ovales, à dents aiguës et grosses. Calice très velu, long de 4-7 mm ; corolle longue de 1,2-1,5 cm, brun-rouge, velue extérieurement ; lèvre inférieure trilobée, avec des dessins foncés.
Floraison : VI-IX. Habitat : forêts, broussailles, coupes. Distribution : presque toute l'Europe ; vastes régions d'Asie.
Espèce voisine : **Epiaire des Alpes,** *S. alpina* (corolle couverte extérieurement de touffes de poils, feuilles à dents obtuses, lèvre inférieure sans dessins), généralement à plus haute altitude.

1|2

3

4|5

1. Marrube noir

Ballote

Ballota nigra

(Labiacées)

Plante à poils denses, d'odeur désagréable, d'1 m de haut. Feuilles opposées, pétiolées, ovales, dentées. Calice en forme d'entonnoir, à 10 nervures ; dents du calice soudées, arquées en couronne vers l'extérieur ; corolle longue de 1-1,4 cm ; lèvre supérieure droite, aux bords arqués vers le bas ; lèvre inférieure trilobée.

Floraison : V-X. Habitat : bords des chemins, décombres, haies. Distribution : presque toute l'Europe.

2. Agripaume cardiaque

Leonurus cardiaca +

(Labiacées)

Plante velue d'1,50 m de haut. Feuilles pétiolées, celles du bas à 3 à 7 lobes, analogues aux feuilles d'érable, celles du haut plus petites et trilobées. Calice long de 5-8 mm, en cloche étroite ; corolle longue de 8-10 mm ; tube court ; lèvre supérieure en forme de casque, velue extérieurement ; lèvre inférieure trilobée ; étamines avec moitiés des anthères écartées.

Floraison : VI-X. Habitat : bords des chemins, broussailles, décombres. Distribution : presque toute l'Europe ; Asie.

3. Origan commun

Marjolaine

Origanum vulgare

(Labiacées)

Plante aromatique velue, de 50 cm de haut. Feuilles opposées, ovales, celles du bas pétiolées. Fleurs groupées en une sorte de capitule dense et formant une inflorescence en panicule ; bractées longues de 3-6 mm, pourpres ; calice long de 2,5-3,5 mm ; corolle bilabiée, longue de 4-7 mm, rose.

Floraison : VII-IX. Habitat : pelouses sèches, forêts claires et sèches. Distribution : Europe ; Asie.

4. Calament clinopode

Clinopodium vulgare

(Labiacées)

Plante à poils étalés, de 60 cm de haut. Feuilles opposées, ovales, à court pétiole. Fleurs en inflorescences denses, analogues à des capitules, aux aisselles des feuilles supérieures, à court pédoncule ; calice tubulaire, bilabié, long de 8-10 mm ; corolle longue de 10-14 mm, bilabiée, pourpre clair.

Floraison : VII-IX. Habitat : forêts claires, prairies ombragées. Distribution : Europe ; Asie septentrionale, Amérique du Nord.

5. Menthe aquatique

Mentha aquatica

(Labiacées)

Plante aromatique de 80 cm de haut. Tige à poils étalés. Feuilles à court pétiole, ovales, dentées. Fleurs pédonculées, à l'extrémité de la tige ou aux aisselles des feuilles supérieures, serrées en une sorte de capitule ; calice tubulaire, à 5 dents, glabre intérieurement ; corolle longue de 5-7 mm, avec un tube évasé vers l'avant et 4 lames de même forme ; 4 étamines, dépassant la corolle et écartées.

Floraison : VII-X. Habitat : rives, prairies très humides, forêts de bordure, marécages. Distribution : presque toute l'Europe ; presque toute l'Asie, Afrique du Nord et Afrique du Sud.

1|2

3

4|5

1. Menthe pouliot

Mentha pulegium
(Labiacées)

Plante à poils épars ou presque glabre, de 60 cm de haut. Feuilles ovales, à court pétiole, presque entières, ayant jusqu'à 3 cm de long. Fleurs à court pédoncule, serrées en grand nombre aux aisselles des paires de feuilles supérieures ; inflorescences partielles non rapprochées en épi ou en capitule ; calice tubulaire, long de 3 mm, bilabié, velu ; corolle longue de 5-7 mm, avec tube évasé sur le devant et 4 lames à peu près semblables ; 4 étamines dépassant la corolle et écartées.

Floraison : VII-X. Habitat : marécages, rives, prairies très humides. Distribution : vastes régions d'Europe, en partie échappée de culture ; Asie occidentale, Afrique du Nord.

Espèces voisines : **Menthe à feuilles rondes,** *M. rotundifolia* (inflorescence plus dense en faux-épi, calice à 5 dents régulières et feuilles arrondies, sessiles). — **Menthe à longues feuilles,** *M. longifolia* (inflorescence plus dense en faux-épi, calice à 5 dents régulières et feuilles sessiles, oblongues à lancéolées, au bord en dents de scie aiguës).

2. Thym de bergère

Serpolet petit-chêne
Thymus pulegioides
(Labiacées)

Plante aromatique couchée, avec des tiges de près de 40 cm de long rampant sur le sol ou dressées et arquées. Tiges florifères nettement quadrangulaires, généralement velues uniquement sur les arêtes. Feuilles opposées, ovales à spatulées, allant en se rétrécissant insensiblement vers le pétiole, avec de longs cils à la base. Fleurs groupées à plusieurs aux aisselles des feuilles supérieures et formant une inflorescence compacte analogue à un capitule ou un court épi ; calice nettement bilabié ; corolle petite, bilabiée, longue de 3-6 mm.

Floraison : VI-X. Habitat : pelouses sèches, bords des chemins, broussailles, murs. Distribution : Europe centrale et sud de l'Europe septentrionale.

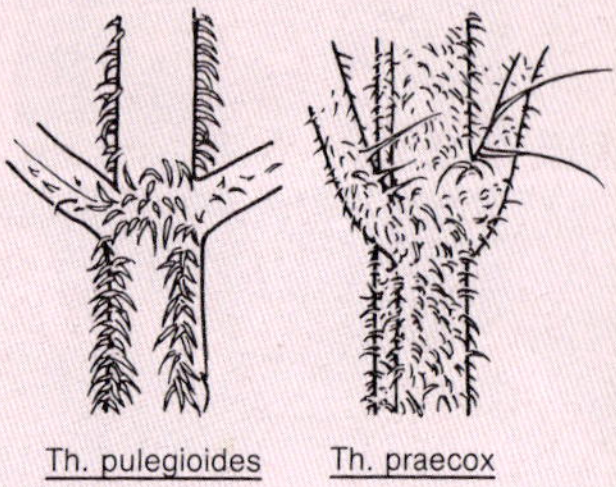

Segments de tige

Espèces voisines : **Thym serpolet,** *Th. serphyllum* (longue tige rampante, ronde, velue sur tous les côtés et feuilles étroites lancéolées), uniquement dans les régions sablonneuses d'Europe centrale. — **Thym précoce,** *Th. praecox* (longue tige rampante, rameaux florifères ronds et régulièrement velus, feuilles arrondies à ovales), surtout à moyenne altitude dans les montagnes et les Alpes.

1

2

1. Digitale pourpre

Digitalis purpurea +
(Scrofulariacées)
Plante d'1,50 m de haut. Tige non ramifiée, dressée, feutrée de poils gris. Feuilles ovales à lancéolées, dentées, celles du bas pétiolées, en une rosette, déjà souvent desséchées au moment de la floraison, celles du haut sessiles. Inflorescence unilatérale ; fleurs pédonculées, solitaires aux aisselles de petites feuilles ; calice pentamère ; sépales ovales, couverts de poils glanduleux de même que les pédoncules floraux et la portion supérieure de la tige ; corolle inclinée vers le bas, avec tube renflé et un court bord bilabié ; lèvre inférieure trilobée, plus longue que la lèvre supérieure légèrement échancrée, ayant jusqu'à 5 cm de long, avec des taches rouge foncé cernées de clair à l'intérieur.
Floraison : VI-VII. Habitat : forêts claires, coupes, bords des chemins ; sur sols pauvres en calcaire. Distribution : vastes régions d'Europe ; souvent cultivée et échappée de culture.
Remarque : la digitale pourpre est une plante bisannuelle typique. Après germination, elle ne forme, la première année, qu'une rosette de feuilles radicales d'où une tige florifère prend naissance l'année suivante. La plante meurt généralement après avoir fleuri et dispersé ses graines.

2. Morelle douce-amère

Vigne de Judée
Solanum dulcamara +
(Solanacées)
Plante de 2 m de haut. Tige lignifiée dans sa partie inférieure, grimpante. Feuilles ovales à lancéolées, souvent cordiformes à la base ou avec 1 à 2 segments articulés, sinon entières. Calice à 5 dents ; dents arrondies à ovales ; corolle large de 0,8-1,2 cm, soudée à la base, étalée à plat avec un bord pentalobé ; filets des étamines courts ; anthères réunies en un tube d'où le style fait saillie ; ovaire supère. Le fruit est une baie rouge brillant.
Floraison : VI-IX. Habitat : haies, forêts de bordure, rives, coupes de bois. Distribution : Europe ; vastes régions d'Asie.

3. Linaire naine

Chaenorrhinum minus
(Scrofulariacées)
Plante densément couverte de poils glanduleux, de 30 cm de haut. Feuilles étroites lancéolées à linéaires, celles du bas parfois plus larges et opposées, celles du haut alternes. Fleurs à long pédoncule, solitaires aux aisselles des feuilles ; corolle longue de 0,3-0,6 cm, violet clair à violet grisâtre, à gorge jaune, avec un court tube évasé vers l'avant et une partie libre bilabiée ; lèvre supérieure échancrée, plate ; lèvre inférieure trilobée ; éperon moitié moins long que le reste de la corolle, droit.

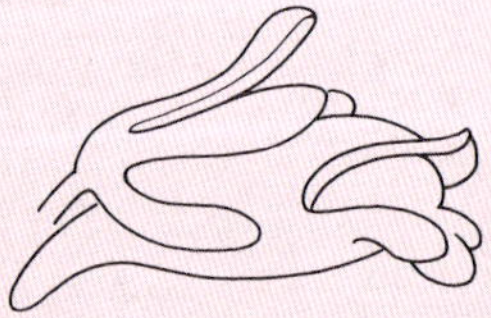

Ch. minus

Fleur

Floraison : V-X. Habitat : jardins, champs, bords des chemins, décombres. Distribution : Europe ; Asie Mineure, Afrique du Nord.

1

2|3

1. Cymbalaire

Cymbalaria muralis
(Scrofulariacées)
Plante glabre rampante à tige filiforme, capable de s'enraciner. Feuilles à long pétiole, avec 5 à 7 lobes. Fleurs à long pédoncule, solitaires aux aisselles des feuilles ; corolle longue de 0,6-0,8 cm, violet clair avec une tache jaune dans la gorge, éperonnée à la base, bilabiée ; lèvre supérieure plate, échancrée ; lèvre inférieure trilobée, avec un renflement obturant la gorge.
Floraison : VI-IX. Habitat : fentes rocheuses, murs, rocailles, pierrailles des cours d'eau ; sur sol calcaire. Distribution : Europe ; Afrique du Nord, Asie occidentale, Amérique du Nord. Remarque : après le flétrissement des fleurs, leurs pédoncules se recourbent vers le sol, ce qui augmente considérablement les chances que les graines parviennent aux endroits voulus.

2. Pédiculaire des marais

Pedicularis palustris
(Scrofulariacées)
Plante de 70 cm de haut, avec une seule tige dressée et ramifiée. Feuilles profondément pennatifides aux segments dentés. Fleurs solitaires aux aisselles des feuilles dans la partie supérieure de la tige ; calice tubulaire, bilabié ; corolle longue de 1,5-2 cm ; lèvre supérieure en forme de casque ; lèvre inférieure étalée à plat et ciliée.
Floraison : V-VIII. Habitat : prairies marécageuses, tourbières. Distribution : Europe, sauf la zone méditerranéenne ; Asie, Amérique du Nord.
Espèce voisine : **Pédiculaire des bois,** *P. sylvatica* (Plante à plusieurs tiges, tiges secondaires couchées, tige centrale couverte de fleurs dès le bas, lèvre inférieure glabre), également dans les prés boisés et les landes humides.

3. Odontite printanière

Odontites verna
(Scrofulariacées)
Plante de 50 cm de haut. Feuilles lancéolées, dentées. Fleurs solitaires aux aisselles des feuilles supérieures ; calice long de 4-8 mm, velu ; corolle longue de 8-12 mm, extrêmement velue ; lèvre supérieure plus longue que lèvre inférieure ; étamines faisant saillie au-dessus de la lèvre supérieure ; anthères glabres.
Floraison : V-IX. Habitat : champs, bords des chemins, pâturages, pelouses. Distribution : Europe ; Asie.

4. Valériane officinale

Valeriana officinalis
(Valérianacées)
Plante d'1,80 m de haut. Tige dressée. Feuilles opposées ; feuilles radicales grandes, imparipennées ; feuilles caulinaires progressivement plus petites. Inflorescence ombelliforme ; corolle longue de 3-6 mm, rose à blanchâtre, tubulaire dans le bas, en forme d'entonnoir à 3 ou 4 lobes dans le haut ; calice au bord épaissi ; ovaire infère.

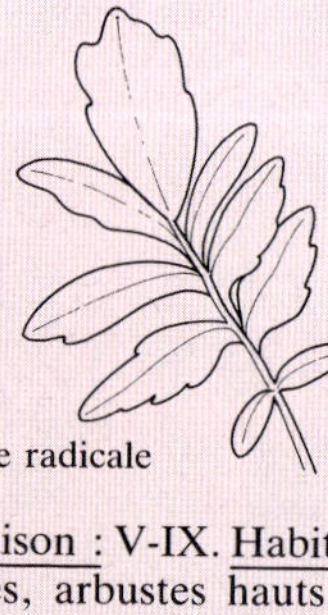

Feuille radicale

Floraison : V-IX. Habitat : forêts claires, arbustes hauts, prairies, fosses, rives. Distribution : presque toute l'Europe.

1

2

3|4

1. Valériane rouge

Centranthus ruber
(Valérianacées)
Plante herbacée vivace, en touffes de 0,40 à 1 m. Glabre, glauque, cespiteuse, à tiges creuses. Feuilles grandes de 10 cm, indivises, ovales-aiguës ; inférieures pétiolées. Large corymbe de fleurs terminales, serrées. Corolle étroite et longue, éperonnée à la base, souvent pendante, étamine très saillante.
Floraison : IV-IX. Habitat : rochers, murailles, plaines, collines. Distribution : Midi méditerranéen, Ouest, Bassin parisien.
Espèces voisines : *C. augustifolius* (à feuilles étroites linéaires, à inflorescence plus courte), plus fréquente sur calcaire dans l'Est. — **Valériane officinale,** *V. officinalis*. — *V. tripteris*. — *V. montana*.

2. Cardère commune

Cabaret des oiseaux, chardon à foulon
Dipsacus sylvestris
(Dipsacacées)
Plante de 2 m de haut. Tige et nervure médiane du dessous des feuilles épineuses. Feuilles radicales ayant jusqu'à 40 cm de long, à court pétiole, ovales, dentées ; feuilles caulinaires opposées, soudées 2 par 2 par leur base, lancéolées, dentées à entières. Capitules oblongs, ovales à cylindriques ; bractées involucrales sur 2 rangs, épineuses ; fleurs aux aisselles de bractées piquantes (paillettes) qui dépassent les fleurs ; corolle à 4 lobes ; tube de la corolle d'1 cm de long ; calice à 4 arêtes.
Floraison : VII-VIII. Habitat : bords des chemins, décombres, rives. Distribution : Europe ; Asie du Sud-Ouest, Afrique du Nord, Canaries.
Espèce voisine : **Cardène laciniée,** *D. laciniatus* (feuilles caulinaires irrégulièrement pennatilobées).

3. Scabieuse des champs

Knautia arvensis
(Dipsacacées)
Plante d'1 m de haut, avec des rosettes de feuilles stériles à la floraison. Tige hérissée de poils raides, avec souvent aussi des poils crépus clairs et des poils glanduleux. Feuilles inférieures lancéolées, entières ou dentées, quelques-unes tout au moins pennatilobées, feuilles du centre et du haut généralement pennatilobées. Inflorescence plate, avec fleurs du pourtour plus grandes ; bractées involucrales sur plusieurs rangs ; corolle tubulaire à la base, à 4 lobes dans le haut ; calice avec 8 à 10 soies raides, longues de 2-3 mm.

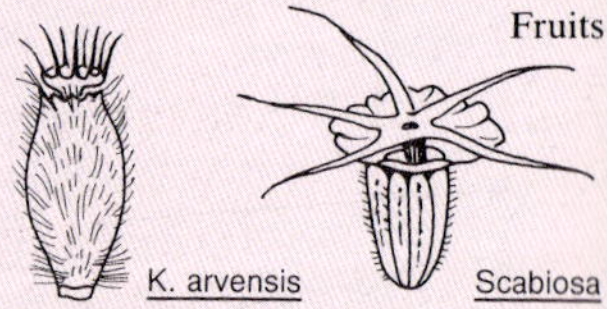

Floraison : VII-IX. Habitat : prairies, pentes sèches, bords des chemins, champs. Distribution : presque toute l'Europe ; Asie occidentale.
Espèce voisine : **Scabieuse des bois,** *K. sylvatica* (feuilles toujours non divisées), dans les forêts, les arbustes hauts et les broussailles.
Remarque : outre les diverses espèces de **Knauties,** on rencontre aussi quelques espèces du genre *Scabiosa* **(Scabieuse).** Elles se différencient des knauties par leurs corolles pentalobées irrégulières, des fruits à net calicule membraneux et sec et des soies du calice particulièrement robustes.

1

2|3

1. Eupatoire chanvrine

Eupatorium cannabium
(Composées tubuliflores)
Plante d'1,50 m de haut. Feuilles opposées, divisées en 3 à 5 parties jusqu'à la base, avec des segments lancéolés et dentés. Capitules de 4 à 6 fleurs, ombelliformes ; involucre long de 4,5-6 mm, cylindracé ; toutes les fleurs sont des fleurons.
Floraison : VII-IX. Habitat : forêts de bordure, rives, terrains alluvionnaires, arbustes hauts. Distribution : presque toute l'Europe ; Asie occidentale, Afrique du Nord.

2. Aster maritime

Aster tripolium
(Composées tubuliflores)
Plante presque glabre d'1 m de haut. Feuilles lancéolées, souvent charnues. Capitules larges de 2-2,5 cm ; involucre haut de 6-8 mm ; bractées involucrales sur 2 à 3 rangs, oblongues, obtuses ; ligules larges de 2,5 mm et longues de 10 mm, violet rosé à bleu clair ; fleurons jaunes.
Floraison : VI-IX. Habitat : prés salés, fosses. Distribution : côtes maritimes d'Europe, parfois dans l'intérieur des terres (par ex. dans le Burgenland, en Autriche) ; Asie.

3. Chardon acanthin

Carduus acanthoides
(Composées tubuliflores)
Plante d'1,50 m de haut. Tige feutrée de poils blancs dans le haut. Feuilles profondément pennatilobées, piquantes, à base décurrente sur la tige. Capitules larges et hauts de 1,5-2,5 cm ; corolles tubuleuses à 5 lobes. Soies de l'aigrette raides, non plumeuses.
Floraison : VI-X. Habitat : bords des chemins, pelouses, décombres. Distribution : régions méridionales d'Europe.

4. Chardon décapité

Carduus defloratus
(Composées tubuliflores)
Plante de 80 cm de haut. Tige feutrée de poils blancs dans le haut, sans feuilles, densément feuillée et presque glabre dans le bas. Feuilles non divisées à pennatilobées, piquantes. Capitules solitaires, larges de 1,5-3 cm, un peu penchés à la floraison ; corolles tubuleuses à 5 lobes. Soies de l'aigrette raides, non plumeuses.
Floraison : VI-IX. Habitat : prairies, pentes rocheuses, forêts claires. Distribution : Europe centrale et Europe méridionale.

5. Chardon penché

Carduus nutans
(Composées tubuliflores)
Plante d'1,20 m de haut. Tige feutrée de poils blancs surtout dans le haut, feuillée presque jusqu'aux capitules. Feuilles profondément pennatilobées, piquantes, au bord décurrent sur la tige. Capitules larges et hauts de 3-8 cm, penchées ; bractées involucrales extérieures à base large, avec un étranglement marqué, piquantes ; corolles tubulaires dans le bas, en entonnoir à 5 lobes dans le haut. Soies de l'aigrette raides, non plumeuses.
Floraison : VII-IX. Habitat : bords des chemins, décombres, pâturages. Distribution : vastes régions d'Europe ; Asie Mineure, Caucase, Afrique du Nord, Asie occidentale.

1|2

3

4|5

1. Cirse des marais

Cirsium palustre

(Composées tubuliflores)

Plante velue d'1,50 m de haut. Tige généralement ramifiée uniquement dans sa partie supérieure, rendue ailée sur presque toute sa longueur par les bords décurrents et piquants des feuilles. Feuilles oblongues, sinuées et pennatilobées, avec des segments triangulaires se terminant en courte épine, avec des dents épineuses sur les bords, sessiles sur la tige avec une base rétrécie, vertes et velues sur le dessus, feutrées de poils blancs surtout dans leur jeunesse sur le dessous. Capitules groupés en panicule ombelliforme ; involucre long de 1-1,5 cm, pourpre, feutré de poils blancs ; bractées involucrales à pointe à peine piquante. Aigrette des fruits plumeuse. Floraison : VII-IX. Habitat : prairies très humides, marécages, tourbières. Distribution : Europe ; Asie septentrionale, Afrique du Nord.

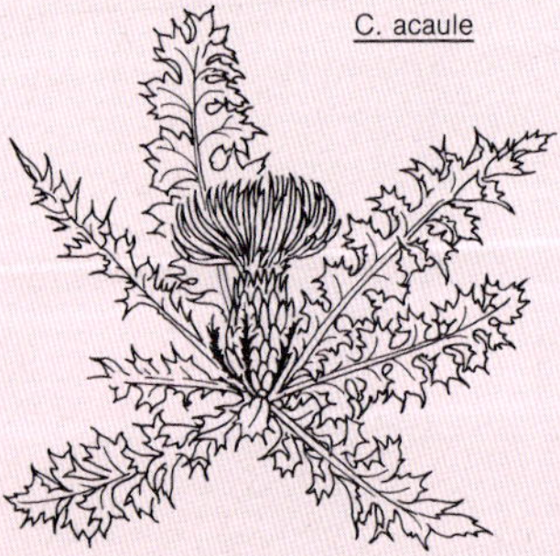

Totalité de la plante

Espèce voisine : **Cirse acaule,** *C. acaule* (tige inexistante ou seulement très courte, feuilles rassemblées en rosette, capitules solitaires et sessiles au milieu de la rosette, involucre long de 2-3 cm, brun-rouge, bractées involucrales à pointe à peine piquante), dans les prairies et les landes sèches à humides.

2. Cirse lancéolé

Cirsium vulgare

(Composées tubuliflores)

Plante velue, épineuse, très robuste, atteignant 1,50 m de haut. Tige ramifiée écarquillée, rendue ailée par les bords dentés, piquants, décurrents des feuilles. Feuilles robustes, pennatilobées de loin en loin, avec des segments lancéolés se terminant en une épine dure, jaunâtres, vertes et à fines épines sur le dessus, couvertes de poils blancs arachnéens sur le dessous. Capitules solitaires à l'extrémité des rameaux, grands ; involucre sphérique, long de 3-5 cm ; bractées involucrales piquantes, nombreuses, arquées vers l'extérieur. Aigrette plumeuse. Floraison : VIII-X. Habitat : décombres, bords des chemins, coupes blanches. Distribution : Europe ; Asie occidentale.

1

2

1. Cirse des champs

Cirsium arvense
(Composées tubuliflores)
Plante d'1,50 m de haut avec tige dressée aux feuilles non décurrentes. Feuilles glabres sur le dessus, glabres à densément feutrées de poils blancs sur le dessous, non divisées ou pennatilobées jusqu'au-dessus du centre, avec des segments épineux. Involucre des capitules de fleurs long de 1-2 cm, couvert de poils arachnéens, lavé de violet rougeâtre ; bractées involucrales à glandes résinifères linéaires, celles de l'extérieur avec une courte épine, à peine piquante ; corolle longue de 12-18 mm, violet clair, avec la partie supérieure régulièrement divisée jusqu'à la base. Fruits d'environ 3 mm de long, bruns, sans taches ; aigrette longue de 2-3 cm, blanchâtre, plumeuse.
Floraison : VII-X. Habitat : champs, décombres, bords des chemins, coupes de bois. Distribution : Europe ; Asie, Afrique du Nord.

Rayons de l'aigrette

Remarque : toutes les espèces du genre *Cirsium* (**Cirse**) se différencient par leur aigrette plumeuse des espèces parfois voisines du genre *Carduus* (**Chardon**), qui ont tout au plus une aigrette à rayons dentés.

2. Cirse des ruisseaux

Cirsium rivulare
(Composées tubuliflores)
Plante d'1 m de haut. Tige dressée, non ramifiée, densément feutrée de poils dans le haut, sans épines ni feuilles à bord décurrent, avec seulement de petites feuilles amplexicaules à la partie supérieure. Feuilles du bas grandes, lancéolées, à pétiole ailé, presque non divisées à profondément pennatifides, avec des segments à peine divisés, vertes sur le dessous. Capitules par 2 à 4 en pelotons à l'extrémité de la tige ; involucre long de 1,5-2,5 cm, parsemé de rares poils feutrés, lavé de rougeâtre ; bractées involucrales avec d'étroites glandes résinifères ovales, celles de l'extérieur avec une courte épine à peine piquante ; corolles longues de 1,5-2 cm, rouges, irrégulièrement divisées jusqu'au milieu. Fruits longs de 4-5 mm, brunâtres. Aigrette longue de 1-1,5 cm, blanche, plumeuse.
Floraison : V-VI. Habitat : prairies marécageuses, tourbières, rives. Distribution : Europe centrale, surtout en montagne.

3. Bardane tomenteuse

Arctium tomentosum
(Composées tubuliflores)
Plante d'1,50 m de haut. Feuilles larges ovales, longues de près de 50 cm, vertes sur le dessus, couvertes de poils arachnéens sur le dessous. Capitules de fleurs larges de 1,5-3 cm ; involucre densément couvert de poils arachnéens ; bractées involucrales extérieures à pointe crochue, celles intérieures à pointe droite ; fleurs toutes tubuleuses ; corolles avec généralement des glandes à l'extérieur, pourpres. Akènes longs de 5-5,5 mm. Aigrette longue de 1-3 mm.
Floraison : VII-IX. Habitat : bords des chemins, décombres, rives, broussailles. Distribution : presque toute l'Europe ; à l'est jusqu'à l'Altaï.

1|2

3

1. Centaurée scabieuse

Centaurea scabiosa
(Composées tubuliflores)
Plante d'1 m de haut. Feuilles radicales pétiolées, dentées à doublement pennatiséquées, feuilles caulinaires supérieures sessiles. Involucre large de 2-2,5 cm ; appendices des paillettes triangulaires, noir brunâtre ; fleurs tubuleuses asymétriques, celles du pourtour étant plus grandes.
Floraison : VI-IX. Habitat : prairies, forêts claires. Distribution : presque toute l'Europe ; Asie.

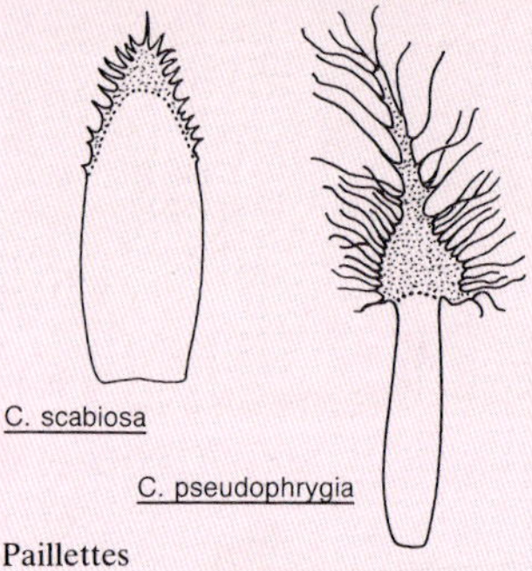

Paillettes

2. Fausse-centaurée phrygienne

Centaurea pseudophrygia
(Composées tubuliflores)
Plante de 80 cm de haut. Feuilles larges lancéolées, entières à dentées ; feuilles du milieu de la tige souvent amplexicaules à la base. Involucre ayant jusqu'à 2 cm de large et de haut ; appendices des paillettes centrales brun noirâtre, se prolongeant en une pointe arquée et frangée ; fleurs tubuleuses asymétriques, celles du pourtour étant plus grandes.
Floraison : VII-IX. Habitat : prairies, broussailles, lisières des forêts. Distribution : Europe centrale.

3. Centaurée jacée

Tête de moineau
Centaurea jacea
(Composées tubuliflores)
Plante d'1,20 m de haut. Feuilles radicales étroites, ovales, non divisées à sinuées et pennatifides ; feuilles caulinaires lancéolées, sessiles. Involucre ayant jusqu'à 2 cm de haut ; appendices des paillettes membraneux et secs, brun clair, presque non divisés ; fleurs tubuleuses asymétriques.
Floraison : VI-X. Habitat : prairies, forêts claires. Distribution : Europe ; Asie, Afrique du Nord.

4. Serratule des teinturiers

Serratula tinctoria
(Composées tubuliflores)
Plante atteignant 1 m de haut. Feuilles radicales non divisées, elliptiques, pétiolées, feuilles caulinaires centrales et supérieures pennatilobées, sessiles. Involucre haut de 1,5 cm ; paillettes sans appendices, rouge violacé à la pointe ; corolles tubuleuses, avec 5 lames dans le haut.
Floraison : VII-VIII. Habitat : prairies humides, forêts claires. Distribution : Europe ; Asie septentrionale, Afrique du Nord.

5. Prenanthes pourpre

Prenanthes purpurea
(Composées liguliflores)
Plante d'1,50 m de haut, contenant un suc laiteux. Feuilles oblongues, celles du bas dentées à pennatilobées, à pétiole ailé, celles du haut amplexicaules à base cordiforme. Capitules penchés de 2 à 5 fleurs ; involucre long de 1-1,5 cm ; bractées involucrales sur 2 rangs.
Floraison : VII-IX. Habitat : forêts, arbustes hauts, broussailles. Distribution : Europe.

1|2

3

4|5

1. Sagittaire

Flèche d'eau

Sagittaria sagittifolia

(Alismacées)

Plante glabre d'1 m de haut. Premières feuilles herbacées. ayant jusqu'à 1 m de long, submergées, feuilles suivantes ovales à sagittées, flottantes ; à l'époque de la floraison, feuilles sagittées tripartites émergeant généralement de la surface de l'eau. Fleurs unisexuées (monoïques), en verticilles superposés, en bas fleurs mâles et fleurs femelles, en haut uniquement fleurs mâles ; fleurs larges de 1.5-2 cm ; tépales extérieurs verts, à l'aspect de calice, tépales intérieurs deux fois plus grands, blancs à base rouge.

Floraison : VI-VIII. Habitat : eaux stagnantes ou à faible courant jusqu'à environ 50 cm de profondeur, rives. Distribution : presque toute l'Europe : Asie occidentale.

2. Plantain d'eau commun

Alisma plantago-aquatica

(Alismacées)

Plante glabre d'1 m de haut. Feuilles pétiolées, ovales à lancéolées, arrondies ou cordiformes à la base, émergeant de l'eau, fleurs ouvertes l'après-midi : 3 tépales extérieurs verts à l'aspect de calice, 3 tépales intérieurs blancs, longs de 4-6 mm, arrondis ; styles presque droit, inséré sur le côté au milieu de l'ovaire.

Floraison : VI-VIII. Habitat : eaux stagnantes ou à faible courant jusqu'à 50 cm de profodeur, Distribution : cosmopolite. Espèces voisines : **Plantain d'eau lancéolé**, *A. lanceolatum* (fleurs ouvertes le matin, feuilles rétrécies à la base, style inséré sur le côté de l'ovaire au-dessus du milieu). — **Flûteau à feuilles de graminée**, A. gramincum (style fortement arqué vers l'extérieur, feuilles rubanées, généralement submergées).

3. Stratiote faux-aloès

Stratiotes aloides **!**

(Hydrocharidacées)

Plante à demi submergée, généralement flottant librement, Feuilles ensiformes, raides, à 3 arêtes, en dents de scie épineuses, ayant jusqu'à 40 cm de long. Fleurs mâles et fleurs femelles sur des pieds différents (dioïques), entourées d'un involucre foliaire (spathe) ; 3 tépales extérieurs verts, à l'aspect de calice, 3 tépales intérieurs blancs d'environ 2 cm de long.

Floraison : VI-VIII. Habitat : eaux stagnantes, abritées du vent, très chaudes en été. Distribution : vastes régions d'Europe : Asie occidentale.

4. Morène

Mors de grenouille

Hydrocharis morsus-ranae **!**

(Hydrocharidacées)

Plante s'enracinant dans la vase, avec des rosettes flottantes de feuilles qui émettent des stolons d'où se forment de nouvelles rosettes. Feuilles ayant jusqu'à 6 cm de large. Fleurs mâles et fleurs femelles sur des pieds différents, entourées d'un involucre foliaire (spathe) ; 3 pétales extérieurs caliciformes, verts ou roses, 3 tépales intérieurs blancs à base jaune, d'environ 1,5 cm de long.

Floraison : VI-VIII. Habitat : eaux stagnantes, abritées du vent. Distribution : presque toute l'Europe : Asie.

1|2

3

4

1. Phalangère à fleur de lis

Lis de Saint-Bernard

Anthericum liliago **!**

(Liliacées)

Plante glabre atteignant 80 cm de haut. Feuilles à l'aspect d'herbe, toutes radicales, ayant jusqu'à 25 cm de long. Tige dressée, non ramifiée. Inflorescence en grappe ; fleurs solitaires aux aisselles de petites bractées ; 6 tépales, tous semblables, étalés, longs de 1,5-3 cm, avec leur plus grande largeur au-dessus du milieu; 6 étamines; ovaire supère. Fruit long de 1-1,5 cm, pointu.

Floraison : V-VII. Habitat : pentes rocheuses, pelouses sèches, forêts claires ; sur sols pauvres en calcaire. Distribution : Europe : Asie Mineure.

Fruits

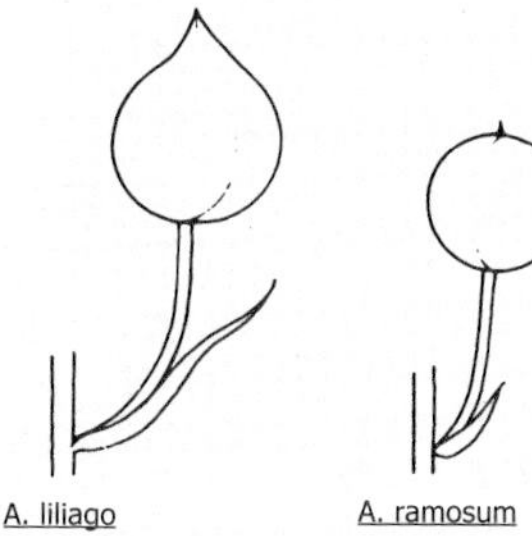

Espèce voisine : **Phalangère rameux**, *A. ramosum* (inflorescence ramifiée, tépales intérieurs plus larges que les extérieurs, longs de 0,8-1,2 cm, fruit sphérique), sur sol calcaire.

2. Muguet de mai

Convallaria majalis + **!**

(Liliacées)

Plante glabre de 30 cm de haut. Feuilles les plus basses scarieuses, les 2 plus hautes larges et lancéolées, longues de 10-20 cm, parallélinervées. Inflorescence unilatérale à long pédoncule ; bractées minuscules, plus courtes que les pédoncules floraux ; fleurs penchées, en clochette, longues de 5-7 mm ; 6 tépales, concrescents, avec de petites lames arquées vers l'extérieur ; 6 étamines ; ovaire supère. Le fruit est une baie rouge.

Floraison : V-VI. Habitat : forêts de feuillus, broussailles. Distribution : presque toute l'Europe (dans le sud, seulement en montagne) ; à l'est jusqu'en Asie centrale.

3. Maïanthème à deux feuilles

Maianthemum bifolium

(Liliacées)

Plante de 20 cm de haut. Tige couverte de fines soies dans le haut, avec généralement au-dessus du milieu 2 feuilles cordiformes à court pétiole. L'inflorescence est une grappe riche en fleurs ; fleurs tétramètres, solitaires aux aisselles de bractées scarieuses ; tépales libres, ovales, ayant jusqu'à 3 mm de long, recourbées ; 6 étamines ; ovaire supère. Le fruit est une baie jaune à rouge.

Floraison : V-VII. Habitat : forêts de feuillus et de conifères ; évite les sols calcaires. Distribution : vastes régions d'Europe : à l'est jusqu'au Japon.

Intéressant pour la biologie : les jeunes n'émettent qu'une seule feuille la première année, sans fleurir. Après la première fleur, la plante continue à croître grâce à un bourgeon latéral situé à l'aisselle d'une feuille scarieuse souterraine. Les fleurs ont un parfum délicat et sécrètent un peu de nectar avec lequel elles attirent surtout les mouches.

1|2

3

1. Sceau-de-Salomon multiflore

Polygonatum multiflorum
(Liliacées)

Plante de 50 cm de haut, à tige feuillée cylindrique ou aux arêtes obtuses. Feuilles alternes, ovales, ayant jusqu'à 15 cm de long. Fleurs inodores par 2 à 5 en courtes grappes pédonculées aux aisselles des feuilles, ayant jusqu'à 2 cm de long ; tépales largement concrescents avec la partie libre verdâtre ; tube de la fleur un peu resserré vers le milieu ; filets des étamines couverts de poils duveteux ; 6 étamines, soudées au tube floral jusq'au-dessus du milieu ; ovaire supère. Le fruit est une baie bleu noirâtre, légèrement pruinée de 1 cm de large.

Floraison : V-VII. Habitat : forêts de feuillus, arbustes hauts ; sur sol calcaire. Distribution : presque toute l'Europe ; Asie Mineure, sporadique jusqu'au Japon.

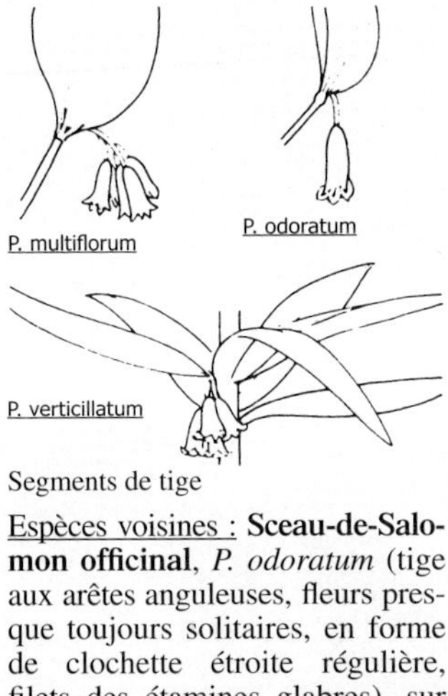

Segments de tige

Espèces voisines : **Sceau-de-Salomon officinal**, *P. odoratum* (tige aux arêtes anguleuses, fleurs presque toujours solitaires, en forme de clochette étroite régulière, filets des étamines glabres), sur les pentes rocheuses, les pelouses sèches et dans les forêts claires. — **Seau-de-salomon verticille**, *P. verticillatum* (tige anguleuse, feuilles supérieures lancéolées à linéaires, généralement par 3 en verticilles, fleurs par 1 à 7 avec un petit tube presque cylindrique).

2. Ail des ours

Allium ursinum
(Liliacées)

Plante de 50 cm de haut, poussant généralement en grandes masses. Feuilles toutes radicales, au nombre de 2 au maximum, ayant jusqu'à 20 cm de long, larges et lancéolées, pointues, à long pétiole. Inflorescence ombelliforme, pauciflore, tout d'abord entourée de bractées involuvrales membraneuses qui tombent rapidement ; fleurs nettement pédonculées ; tépales longs de 6,5-12 mm, étalés ; 6 étamines ; ovaire supère.

Floraison : IV-VI. Habitat : forêts. de feuillus, haies. Distribution : vastes régions d'Europe ; à l'est jusqu'au Caucase.

Intéressant pour la biologie : toutes les espèces du genre *Allium* (**Ail**) contiennent dans toutes les parties de la plante de l'essence de moutarde (sénevols) à l'odeur et au goût âcres, dont on ne connaît pas précisément le rôle pour la plante ; on suppose que ces substances évitent qu'elle ne soit mangée par les animaux. C'est en raison de leur teneur en sénevols que beaucoup d'espèces sont utilisées par l'homme comme condiment et légume depuis l'Antiquité : par ex. **Oignon**, *A. cepa* ; **Ail commun**, *A. sativum* ; **Ciboulette**, A. schoenoprasum ; **Ciboule**, *A. fistulosum* ; **Poireau**, *A. ampeloprasum*, etc. L'ail des ours est avec l'ail commun l'une des espèces du genre à l'odeur la plus prononcée.

1

2

1. Nivéole de printemps

Leucojum vernum **!**

(Amaryllidacées)

Plante glabre de 30 cm de haut. Feuilles herbacées, charnues. Fleurs généralement solitaires ; tépales longs de 2-2,5 cm, tous de même longueur, à pointe verte ; 6 étamines ; ovaire infère.

Floraison : II-IV. Habitat : forêts de feuillus, prairies. Distribution : vastes régions d'Europe.

2. Perce-neige

Galanthus nivalis **!**

(Amaryllidacées)

Plante glabre de 20 cm de haut. Feuilles herbacées, charnues. Fleurs solitaires ; tépales extérieurs ovales, longs de 15-20 mm, tépales intérieurs moitié moins longs, échancrés sur le devant et avec une tache verte ; 6 étamines ; ovaire infère.

Floraison : II-III. Habitat : forêts de feuillus, broussailles, prairies. Distribution : Europe méridionale, souvent échappé de culture.

3. Arum d'eau

Choucelle

Calla palustris **P**

(Aracées)

Plante de 40 cm de haut. Feuilles pétiolées, larges de 12 cm. Inflorescence en forme de massue, enveloppée d'une bractée (spathe), longue de 2-4 cm. Fruits rouges à maturité.

Floraison : V-IX. Habitat : marécages, forêts marécageuses. Distribution : vastes régions d'Europe ; à l'est jusqu'au Japon. Amérique du Nord.

4. Platanthère à deux feuilles

Platanhera bifolia **!**

(Orchidacées)

Plante glabre de 50 cm de haut. avec 2 grandes feuilles ovales un peu au-dessus du sol et, plus haut, uniquement quelques petites feuilles. Fleurs blanches ou crème ; 3 tépales extérieurs étalés, oblongs dont l'un est incliné avec 2 tépales internes en forme de casque ; labelle rubanée, dirigé vers l'arrière ; loges des anthères presque parallèles ; éperon allant en s'amincissant, pointu.

Floraison : V-VII. Habitat : forêts claires, prairies. Distribution : Europe ; Asie.

5. Epipactis des marais

Epipactis palustris **!**

(Orchidacées)

Plante de 50 cm de haut, Feuilles lancéolées, ayant jusqu'à 20 cm de long, 3 tépales extérieurs lancéolés, longs de 10-12 mm, brunâtres, légèrement étalés ; 2 tépales intérieurs semblables mais blancs, souvent roses à la base ; labelle plus long que les tépales, avec la partie antérieure séparée du reste par une profonde incision, arrondi, au bord ondulé.

Fleur

E. palustris

Floraison : VI-VIII. Habitat : prairies marécageuses, tourbières. Distribution : presque toute l'Europe ; Asie.

1|2

3

4|5

1. Mouron des oiseaux

Stellaria media
(Caryophyllacées)

Plante de 40 cm de haut. Tige arrondie, couchée à montante avec 1 à 2 lignes longitudinales de poils qui sont décalées de 90° d'un nœud à l'autre. Feuilles pétiolées, ovales, pointues, glabres à l'exception du pétiole parfois cilié, celles du bas presque sessiles. Fleurs aux aisselles de bractées vertes sans bord membraneux, pentamètres ; sépales long de 2-5 mm ; pétales ayant au maximum 1 1/2 fois la longueur des sépales, bipartites presque jusqu'à la base, pas toujours présents ; étamines au nombre de 10,5 ou moins, parfois tout à fait dégénérées ; 3 styles. La capsule s'ouvre par 6 dents qui mesurent plus du 1/3 de sa longueur. Floraison : I-XII. Habitat : champs, jardins, décombres. Distribution : cosmopolite.

2. Sabline à feuilles de serpolet

Arenaria serpyfolia
(Caryophyllacées)

Plante de 30 cm de haut, en règle générale ramifiée dès la base. Tige à cours poils dirigés vers l'arrière (vers le bas), avec souvent aussi des poils glanduleux. Feuilles ovales, pointues, longues de 2-5 mm, velues. Fleurs pentamètres aux aisselles de petites bractées sans bord membraneux ; sépales de 3 à 5 nervures, avec quelques poils épars ; pétales ayant la 1/2 ou les 3/4 de la longueur des sépales, non divisés ; ovaire supère ; 3 styles. La capsule s'ouvre par 6 dents mesurant moins du 1/3 de sa longueur. Floraison : V-IX. Habitat : pelouses lacunaires, bords des chemins. champs, décombres, murs. Distribution : cosmopolite.

Remarque : certaines caryophyllacées à fleurs blanches se ressemblent énormément. On arrive à les différencier par les caractères de leurs fleurs et de leurs fruits, en gros de la façon suivante :
Pétales bifides (souvent presque jusqu'à la base).

- 3 styles, capsule s'ouvrant par 6 dents : **Stellaire**, *Stellaria* (→ plus haut).
- 5 styles, capsule s'ouvrant par 10 dents : **Céraiste**, *Cerastium* (→ p. 168/2).
- 5 styles, capsule s'ouvrant par 5 dents : **Malaquie**, *Myosoton*.

Pétales non divisés ou échancrés sur le devant (pas jusqu'au milieu).

- 3 styles, capsule s'ouvrant par 3 dents : **Alsine**, *Minuartia* (→ p. 168/1).
- 3 styles, capsule s'ouvrant par 6 dents, graine à appendices blancs : **Moehringie**, *Moehringia*.
- 3 styles, capsule s'ouvrant par 6 dents, graines sans appendices : **Sabline**, *Arenaria* (→ plus haut).

1

2

1. Alsine printanière

Minuartia verna
(Caryophyllacées)
Plante poussant en coussins lâches, avec généralement de nombreuses tiges florifères, le plus souvent glabres, ayant jusqu'à 15 cm de haut. Feuilles linéaires, droites, généralement obtuses, à 3 nervures peu marquées, glabres ou légèrement couvertes de poils glanduleux ; feuilles caulinaires plus courtes que les entrenœuds de la tige. Fleurs solitaires ou en inflorescences peu denses ; pédoncules floraux généralement plus longs que le calice, le plus souvent couverts de poils glanduleux ; sépales larges lancéolés, pointus, longs de 2,5-4,5 mm, à bord membraneux étroit, avec 3 nervures marquées, glabres ou avec quelques poils glanduleux épars ; pétales elliptiques, à peu près de la longueur des sépales ou moins longs ; 3 styles. Fruit ovoïde, à peu près de la longueur du calice, s'ouvrant par 3 dents.
Floraison : V-VIII. Habitat : pentes rocheuses, pelouses sèches, éboulis. Distribution : presque toute l'Europe, surtout en altitude.

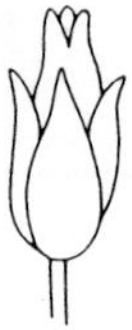

Calice avec fruit

2. Céraiste des champs

Cerastium arvense
(Caryophyllacées)
Plante souvent gazonnante, atteignant 30 cm de haut. Tige peu ramifiée, avec des poils simples et des poils glanduleux. Feuilles étroites lancéolées, pointues, ayant jusqu'à 4 cm de long ; aux aisselles des feuilles inférieures, généralement de courtes pousses stériles ou des touffes de feuilles. Bractées des fleurs petites, ovales, avec un net et bord membraneux ; fleurs pentamères à long pédoncule ; sépales longs de 7-10 mm, velus ; pétales longs de 1-1,5 cm, profondément échancrés sur le devant ; 5 styles. Fruit cylindrique, pouvant être 2 fois plus long que les sépales, s'ouvrant par 10 dents.
Floraison : IV-VII. Habitat : bords des chemins, pelouses sèches, murs ; généralement sur sol calcaire. Distribution : Europe ; vastes régions d'Asie, Afrique du Nord.

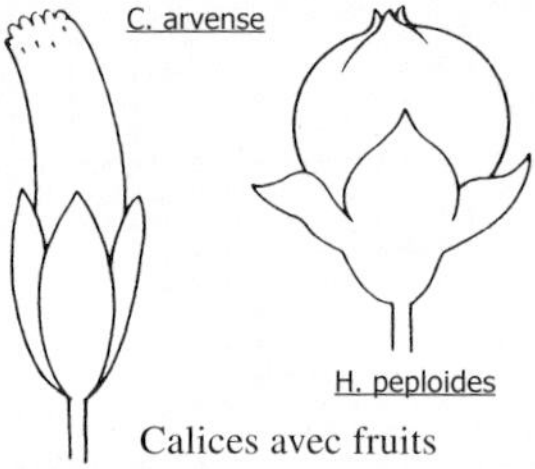

Calices avec fruits

3. Pourpier de mer

Hlonkenya peploides
(Caryophyllacées)
Plante glabre de 30 cm de haut avec des tiges rampantes très charnues qui s'enracinent aux nœuds. Feuilles ovales, très charnues, pointues, très serrées, disposées sur 4 rangs. Fleurs solitaires aux aisselles des feuilles ou groupées à l'extrémité de la pousse florifère ; pédoncules floraux longs de 2-5 mm ; sépales longs de 3-5 mm, ovales, à 1 seule nervure ; pétales blanchâtres à blanc verdâtre, aussi longs ou plus courts que les sépales ; 3 styles. Fruit sphérique, s'ouvrant par 3 dents.
Floraison : VI-VII. Habitat : dunes et zone de projection d'eau salée du littoral marin. Distribution : côtes d'Europe occidentale et d'Europe septentrionale.

1

2

3

1. Spergule des champs

Spargoule des champs
Spergula aryensis
(Caryophyllacées)
Plante à poils glanduleux atteignant 30 cm de haut. Feuilles linéaires, en verticilles, sillonnées longitudinalement sur le dessous, avec des stipules blanches. Fleurs pentamères ; sépales ovales, longs de 2,5-4,5 mm, à bord parcheminé ; pétales arrondis ; 5 styles. Fruit s'ouvrant par 5 dents ; graines lenticulaires, larges de 1-1,8 mm, avec un étroit bord parcheminé brun clair. Floraison : VI-X. Habitat : champs, bords des chemins, friches ; évite les sols calcaires. Distribution : cosmopolite.

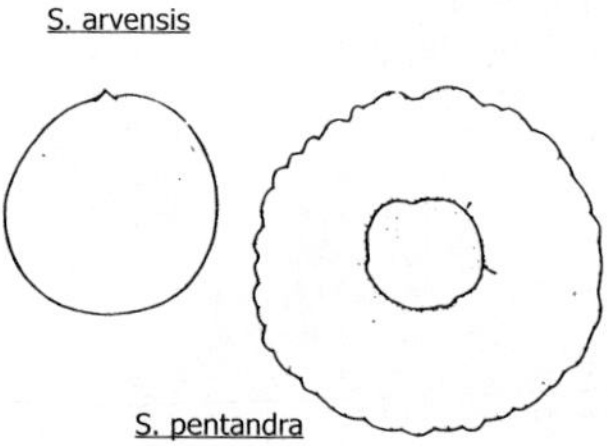

Graines

Espèces voisines : **Spergule de Morison**, *S. morisonii* (graines à large bord parcheminé brunâtre). — **Spergule à cinq étamines**, *S. pentandra* (graines à large bord parcheminé blanc, pétales lancéolés).

2. Silène penché

Silene nutans
(Caryophyllacées)
Plante velue de 50 cm de haut. Tige visqueuse dans le haut. Feuilles inférieures spatulées, celles du haut lancéolées. Inflorescence unilatérale ; fleurs penchées ; calice tubulaire, à poils glanduleux, long de 7-15 mm ; pétales profondément bilobés, blancs en haut, souvent verdâtres sur le dessous, avec une écaille bifide à la gorge ; 3 styles. Floraison : VI-IX. Habitat : prairies sèches, forêts claires, pentes rocheuses. Distribution : presque toute l'Europe ; Caucase, Sibèrie.

3. Silène enflé

Silene vulgaris
(Caryophyllacées)
Plante généralement glabre de 60 cm de haut. Tige non visqueuse dans le haut . Feuilles ovales à lancéolées, opposées. Fleurs en inflorescences lâches ; calice renflé en vessie, vert pâle à rose blanchâtre, avec 20 nervures ; pétales profondément bilobés, blancs à rose clair ; 3 styles. Floraison : V-IX. Habitat : prairies, arbustes hauts, forêts claires, bords des chemins. Distribution : Europe ; Asie, Afrique du Nord, Amérique du Nord.

4. Gypsophile rampant

Gypsophila repens
(Caryophyllacées)
Plante glabre, vert bleuté, de 30 cm de haut. Feuilles étroites lancéolées. Fleurs ayant jusqu'à 5 mm de large ; pétales blancs à roses, souvent un peu échancrés ; calice ayant jusqu'à 4 mm de long, en cloche, à 5 nervures, avec des raies longitudinales parcheminées ; 2 styles. Fruit s'ouvrant par 4 dents.
Floraison : V-IX. Habitat : pierrailles des cours d'eau, pentes rocheuses, pelouses sèches, éboulis. Distribution : Europe centrale et Europe méridionale, surtout en altitude.

1|2

3

4

1. Hellébore noir

Rose de Noël

Helleborus niger **P +**

(Renonculacées)

Plante glabre de 30 cm de haut. Tige dressée, avec 1 à 3 bractées scarieuses et généralement 1 seule fleur. Feuilles toutes radicales, résistant à l'hiver, vert brillant, coriaces, pédiformes de 7 à 9 folioles ; segments à dents de scie aiguës vers la pointe, avec leur plus grande largeur dans le tiers antérieur. Fleurs ayant jusqu'à 10 cm de large ; tépales blancs ou rose tendre, parfois verdâtres ou rouges quand ils se fanent ; nectaires pétalisés petits, jaunes à verdâtres ; étamines jaunes. Follicules rostrés ayant jusqu'à 3 cm de long.
Floraison : IX-VII. Habitat : forêts, et prairies de montagne ; uniquement sur sols calcaires. Distribution : Alpes calcaires du Nord et du Sud à l'est de l'Inn, sporadique jusqu'au Tessin.

2. Anémone des bois

Anémone sylvie

Anemone nemerosa **!**

(Renonculacées)

Plante presque totalement glabre de 30 cm de haut. Tige dressée avec habituellement 1 seule fleur. Feuilles radicales absentes au moment de la floraison ; 3 feuilles caulinaires sur le tiers supérieur de la tige, nettement pétiolées, triparties jusqu'à la base ; segments profondément divisés en 2 à 5 parties et grossièrement dentés. Fleurs larges de 2-4 cm ; pédoncules floraux à poils crépus ; tépales au nombre de 6 à 8, parfois jusqu'à 12, blancs, roses extérieurement ; anthères jaunes. Fruits petits, presque sphériques, densément couverts de poils courts.
Floraison : III-V. Habitat : forêts mixtes de feuillus, hêtraies, plus rarement forêts de conifères, haies, prairies ombragées ; sur des sols calcaires humides. Distribution : vastes régions d'Europe. Espèce voisine : **Anémone trifoliée**, *A. trifolia* (feuilles caulinaires trifides à segments non divisés mais assez fins et régulièrement dentés, avec des bourgeons axillaires, anthères blanches ou bleutées), aux mêmes endroits du nord de l'Espagne au sud des Alpes et aux Carpates.

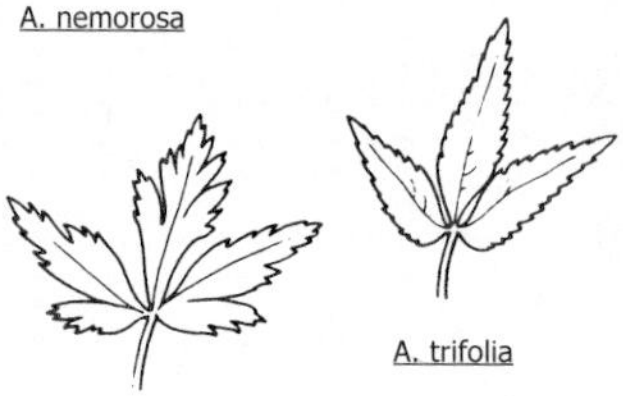

Feuilles

Intéressant pour la biologie : l'anémone commence souvent à se développer dès la fin de l'hiver sous une épaisse couche de neige. Elle profite des premiers jours chauds du printemps pour déployer ses fleurs. Ainsi, comme d'autres fleurs du printemps telle l'hépatique à trois lobes (→ p. 12), l'espèce a achevé son développement avant que le feuillage des hêtres ne plonge les sous-bois dans une pénombre permanente.

1

2

1. Nénuphar blanc

Nymphaea alba **!**
(Nymphéacées)
Plante aquatique aux feuilles flottantes longuement pétiolées, grandes, rondes, profondément découpées à la base. Fleurs flottantes, grandes, avec jusqu'à 30 pétales oblongs ; étamines nombreuses, jusqu'à 125.
Floraison : V-VIII. Habitat : eaux stagnantes, pauvres en matières nutritives. Distribution : presque toute l'Europe.

2. Clématite vigne blanche

Herbe aux gueux
Clematis vitalba +
(Renonculacées)
Liane ligneuse, grimpante et très élevée, pouvant mesurer 7 m, à tige très épaisse. Feuilles opposées, pennées, de 3 à 9 folioles, larges, ovales-allongées, ou pointues, à bords dentés. Pétioles vrillants. Fleurs en fausses ombelles terminales partant de l'aisselle des feuilles. 4 à 5 sépales, intérieur blanc, extérieur jaunâtre, tomenteux. Fruits nombreux en hiver, formant des boules.
Floraison : VI-VIII. Habitat : taillis, broussaille, forêts sèches, lisières des bois. Distribution : Europe centrale.
Espèce voisine : **Clématite brûlante**, *C. flamula* (moins haute, très volubile, enchevêtrée, feuilles glabres à segments non dentés), dans les régions méditerranéennes, en basse montagne.

3. Renoncule flottante

Ranunculus fluitans
(Renonculacées)
Plante flottante de 5 m de long. Feuilles divisées en nombreux lobes filiformes longs. Fleurs flottantes, larges de 1,5-3 cm, aux pétales ovales. Fruits petits, ovales.
Floraison : VI-VIII. Habitat : eaux à courant lent. Distribution : Europe occidentale et Europe centrale.
Espèce voisine : **Renoncule à feuilles d'aconit,** *R. aconitifolius*

4. Actée en épi

Herbe de Saint-Christophe
Actaea spicata
(Renonculacées)
Plante glabre de 70 cm de haut. Feuilles tripartites à segments dentés pétiolés, simplement à doublement pennés. Fleurs petites, en une grappe compacte pédonculée ; 7 à 12 pétales, ceux de l'extérieur longs de 2-3 mm, ceux de l'intérieur plus courts. Le fruit est une baie noire.
Floraison : VI-VIII. Habitat : forêts ombragées.. Distribution : presque toute l'Europe.

5. Alliaire officinal

Alliaria petiolata
(Crucifères)
Plante presque glabre de 90 cm de haut, dégageant une odeur d'ail quand on la froisse. Feuilles pétiolées, cordiformes, à dents obtuses. Fleurs en une grappe sans feuilles, à court pédoncule ; 4 sépales, moitié moins longs que les pétales blancs, longs de 4-6 mm. Le fruit est une silique longue de 2-7 cm et épaisse de 1,5-2,5 mm.
Floraison : V-VII. Habitat : forêts de feuillus et broussailles humides. Distribution : Europe ; Asie occidentale.

1

2|3

4|5

1. Drave printanière

Erophila verna
(Crucifères)
Plante de 10 cm de haut, couverte de poils étoilés de 2 à 4 rayons. Feuilles en rosette radicale, oblongles, peu dentées. Fleurs en grappe pédonculée, tout d'abord dense, puis plus lâche, sans feuilles ; pétales petits, longs de 2-3 mm, bifides jusqu'au milieu. Le fruit est une silicule oblongue, longue de 5-12 mm.
Floraison : III-V. Habitat : géné ralement champs sablonneux, chemins et murs. Distribution : Europe ; Asie.
Espèce voisine : **Erophile précoce**, *E. praecox* (poils simples, silicules ovales, longues de 4-5 mm).

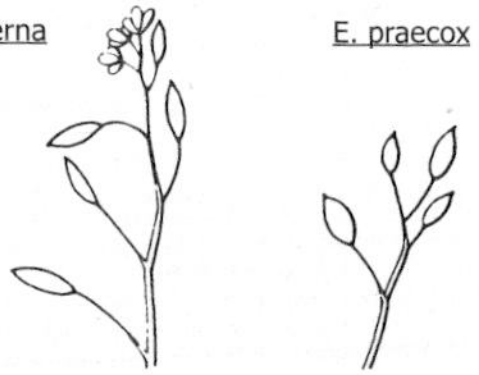

Infrutescences

2. Cranson des Pyrénées

Herbe aux cuillers
Cochlearia pyrenaica **!**
(Crucifères)
Plante glabre de 50 cm de haut. Feuilles arrondies à réniformes, celles du bas pétiolées, celles du haut sessiles. Fleurs en une grappe sans feuilles ; sépales longs de 2-3 mm ; 4 pétales longs de 4-8 mm. Le fruit est une silicule elliptique, pointue des deux côtés ; pédoncules du fruit dressés en biais, plus courts à aussi longs que la silicule.
Floraison : V-VI. Habitat : prairies très humides, sources, bords des ruisseaux ; sur sol calcaire.
Distribution : montagnes d'Europe centrale.
Espèce voisine : **Cranson officinal**, *C. officinalis* (silicules arrondies avec pédoncules presque horizontaux, près de deux fois plus longs que la silicule).

3. Cresson officinal

Cresson de fontaine
Nasturtium officinale
(Crucifères)
Plante presque glabre de 50 cm de haut. Feuilles pennées avec 3 à 9 folioles. Fleurs en une courte grappe sans feuilles ; sépales longs de 2-3 mm, glabres ; 4 pétales longs de 3,5-5 mm. Le fruit est une silique longue de 13-18 mm et épaisse de 1,8-2,5 mm, dans laquelle les graines sont disposées sur 2 rangs.
Floraison : VI-IX. Habitat : ruisseaux, sources, fosses. Distribution : cosmopolite.
Remarque : cultivé comme salade.
Espèce voisine : **Cresson à petites feuilles**, *N. microphyllum* (silique longue de 16-24 mm et épaisse de 1,2-1,8 mm, graines disposées sur 1 seule rangée).

4. Passerage draba

Cardaria draba
(Crucifères)
Plante velue atteignant 60 cm de haut. Feuilles caulinaires sessiles et embrassant la tige de leurs 2 lobes pointus, sinuées à dentées. Fleurs en une grappe ; sépales longs de 1,5-2 mm ; 4 pétales longs de 3-4 mm. Pédoncules des fruits 3 à 4 fois plus longs que les fruits ; fruits cordiformes, longs de 3-4,5 mm.
Floraison : V-VII Habitat : bords des chemins, décombres. Distribution : Europe méridionale ; presque partout.

1

2

3|4

1. Tabouret des champs

Herbe aux écus
Thlaspi arvense
(Crucifères)

Plante glabre de 40 cm de haut. Tige dressée, simple ou ramifiée. Feuilles étroites ovales, entières ou dentées, celles du bas pétiolées, celles du haut sessiles, embrassant la tige de leurs lobes pointus. Inflorescence en une grappe lâche, sans feuilles ; sépales longs de 0,5-2 mm ; 4 pétales longs de 3-4 mm ; style long de 0,2 mm. Fruits longs de 10-18 mm, ronds, plats, découpés à la pointe et avec un bord ailé de 3-5 mm de large.
Floraison : IV-IX. Habitat : champs de céréales, décombres. Distribution : presque dans le monde entier.

Th. arvense a

Th. perfoliatum b

Th. sylvestre c

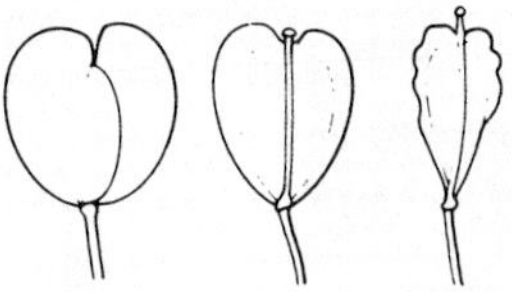

a b c

Fruits

Espèces voisines : **Tabouret perfolié**, *T. perfoliatum* (fleurs plus petites, pétales longs de 2-2,5 mm, fruits avec un bord ailé large de seulement 1 mm à la pointe), sur les prairies sèches et les murs. — **Tabouret des bois**, *T. sylvestre* (pétales longs de 3-4 mm ; style long de 0,6-2 mm, fruits oblongs avec un bord ailé large de 0,8-1,8 mm à la pointe), sur les prairies et les talus.

2. Arabette poilue

Arabis hirsuta
(Crucifères)

Plante de 60 cm de haut, couverte de poils étalés simples et fourchus, à 2 rayons. Feuilles caulinaires serrées, appliquées contre la tige, sessiles à base ronde ou légèrement amplexicaule, dentées. Fleur en une grappe dense sans feuilles ; sépales longs de 2-3,5 mm ; 4 pétales étroits, longs de 4-7 mm. Le fruit est une silique longue de 2-5 cm et large de 1-1,5 mm, avec une nervure médiane marquée.
Floraison : V-VI. Habitat : prairies maigres. Broussailles. Distribution : presque toute l'Europe ; Asie septentrionale.
Espèce voisine : **Arabette sagittée,** *A. sagittata* (poils tous simples dans la partie inférieure de la tige, feuilles caulinaires embrassant la tige d'oreillettes longues de 1-2 mm, nervure médiane des fruits nette uniquement dans la partie inférieure).

3. Bourse-à-pasteur

Capsella bursa-pastoris
(Crucifères)

Plante peu velue de 40 cm de haut. Feuilles radicales en une rosette, pétiolées, généralement pennatilobées ; feuilles caulinaires embrassant la tige de 2 oreillettes pointues, celles du haut non divisée. Fleurs en une grappe lâche sans feuilles ; sépales longs de 1-2 mm ; 4 pétales longs de 2-3 mm. Fruits pédonculés, en forme de cœur renversé, avec des bords latéraux presque droits.
Floraison : III-XII. Habitat : champs, chemins, jardins, décombres. Distribution : presque dans le monde entier.

1|2

3

1. Orpin à feuilles épaisses

Sedum dasyphyllum
(Crassulacées)
Plante à poils glanduleux, extrêmement ramifiée, atteignant 15 cm de haut. Feuilles ovales, épaisses, très bombées vers le bas, moins vers le haut, longues de 5-7 mm, sessiles. Inflorescence ombelliforme, lâche et pauciflore ; fleurs avec 5 à 7 sépales obtus de 1,5 mm de long et 5 à 7 pétales pointus, longs de 3-4,5 mm, ces derniers roses à blanchâtres avec une raie médiane rouge.
Floraison : VII-VIII. Habitat : fentes rocheuses sèches et ensoleillées. Distribution : Europe méridionale et Europe occidentale jusqu'à l'Allemagne centrale.

2. Orpin blanc

Trique-madame
Sedum album
(Crassulacées)
Plante glabre, extrêmement ramifiée, de 20 cm de haut avec de nombreuses pousses stériles et de nombreuses pousses florifères. Feuilles oblongues à cylindriques, longues de 5-15 mm, de section ronde et large de 3-6 mm, sessiles. L'inflorescence est une panicule ombelliforme multiflore; fleurs généralement pentamères; sépales longs de 1,2-1,5 mm, obtus ; pétales longs de 4-5mm, obtus.
Floraison : VI-VIII. Habitat : éboulis, murs, pelouses sèches. Distribution : Europe méridionale et Europe centrale.

3. Saxifrage granulée

Casse-pierre
Saxifraga granulata
(Saxifragacées)
Plante à poils épars de 50 cm de haut. Feuilles radicales en une rosette, portant des bulbilles aux aisselles, réniformes, à crénelures obtuses et long pétiole ; feuilles caulinaires à court pétiole, sans bulbilles. L'inflorescence est une panicule lâche, extrêmement glanduleuse ; sépales longs de 3-5 mm; pétales étroits, ovales, longs de 15 mm, blancs, jaunes à la base.
Floraison : V-VI. Habitat : prairies, pentes sèches, murs. Distribution : presque toute l'Europe.

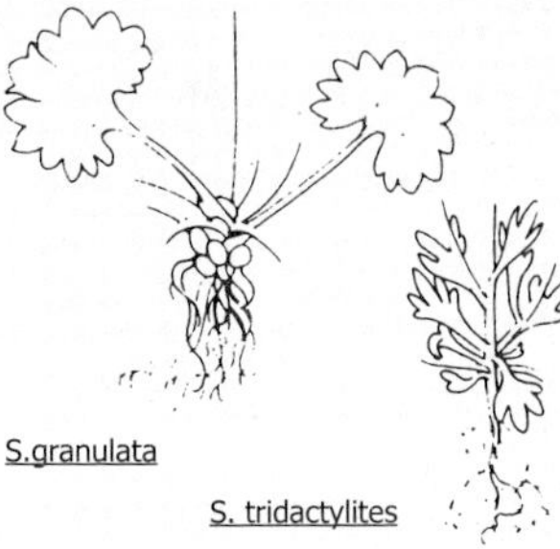

Parties inférieures des plantes

Espèce voisine : **Saxifrage à trois doigts,** *S. tridactyla* (plante glanduleuse atteignant 10 cm de haut, feuilles spatulées, trilobées, fleurs longues de 4 mm).

4. Saxifrage paniculée

Saxifraga paniculata !
(Saxifragacées)
Plante de 40 cm de haut, avec de nombreuses rosettes de feuilles. Feuilles étroites spatulées, dentées avec de petites fossettes éliminant du calcaire entre les dents. Tige avec quelques rares petites feuilles. Inflorescence en panicule ; sépales longs de 1,5-2,5 mm ; pétales longs de 4-6 mm, ovales à arrondis, blancs et souvent avec des points rouges.
Floraison : VII-VIII. Habitat : pelouses pierreuses, roches. Distribution : presque toute l'Europe ; Asie Mineure.

1

2|3

4

1. Spirée ulmaire

Reine des prés
Filipendula ulmaria
(Rosacées)
Plante ramifiée dans sa partie supérieure, atteignant 2 m de haut. Tige feuillée. Feuilles vert foncé et glabres sur le dessus, généralement feutrées de poils blanc sur le dessous, rarement un peu vertes, pennées avec 5 à 11 folioles finement dentées. Fleurs très serrées en nombreuses inflorescences paniculées multiflores ; sépales longs de 1 mm ; pétales au nombre de 5 ou 6, arrondis à ovales, longs de 2-5 mm, blanc jaunâtre. Petits fruits glabres, tordus en spirale.
Floraison : VI-VIII. Habitat : arbustes hauts, prés d'épandage, bords des ruisseaux. Distribution : presque toute l'Europe ; à l'est jusqu'en Asie orientale.
Espèce voisine : **Spirée filipendule,** *F. vulgaris* (feuilles vertes des deux côtés, pennées avec 21 et 81 folioles grossièrement dentées, 6 pétales longs de 5-10 mm, fruits velus, droits, dressés), dans les prairies maigres sèches.

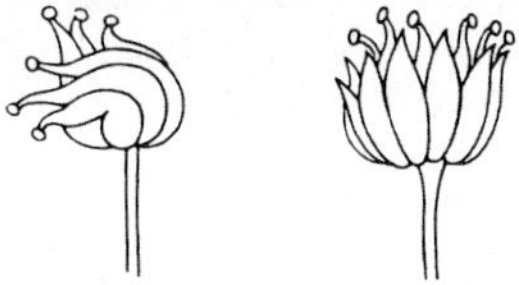

Fruits

2. Spirée sylvestre

barbe de bouc
Aruncus dioicus
(Rosacées)
Plante feuillée, herbacée, atteignant 2 m de haut, Feuilles ayant jusqu'à 1 m de long, pétiolées, 2 à 3 fois pennées, folioles étroites ovales à doubles dents de scie aiguës. Inflorescence paniculée, grande, avec beaucoup de petites fleurs ; sépales pointus, longs de 0,5 mm ; pétales ovales, longs de 1-2 mm. Pieds séparés sexuellement (dioïques). Fleurs des pieds mâles avec plus de 20 étamines très saillantes au-dessus de la corolle, celles des pieds femelles avec 3 carpelles et de courtes étamines rudimentaires. Les fruits sont de petits follicules glabres, s'ouvrant brusquement vers l'intérieur.
Floraison : VI-VII. Habitat : forêts de feuillus humides, lisières des bois, broussailles. Distribution : presque toute l'Europe ; Asie septentrionale et Asie orientale, Amérique du Nord.

3. Benoîte des ruisseaux

Geum rivale
(Rosacées)
Plante de 70 cm de haut. Feuilles pennées, celles du bas avec de grandes folioles terminales généralement tripartites : feuilles caulinaires généralement tripartites avec des segments grossièrement dentés et des stipules assez grandes. Inflorescence riche en fleurs ; fleurs à long pédoncule, penchées mais redressées à l'époque de la fructification : sépales lancéolés, brun-rouge, longs de 8-15 mm ; pétales en forme de cœur renversé, blanc jaunâtre, à peine plus longs que les sépales. Petits fruits nombreux, formant de petites nucules, couronnées à la pointe par le style crochu articulé qui y subsiste.
Floraison : V-VIII. Habitat : prairies très humides, bords des ruisseaux, forêts humides. Distribution : Europe ; Asie septentrionale. Amérique du Nord.

1

2|3

1. Fraisier des bois

Fragaria vesca
(Rosacées)
Plante velue de 20 cm de haut, avec de longs stolons qui s'enracinent. Feuilles toutes radicales, à long pétiole, palmées avec 3 folioles grossièrement dentées, dent terminale des folioles plus longues que les 2 dents voisines Inflorescence comportant jusqu'à 5 fleurs ; pédoncules floraux couverts de poils apprimes ou étalés en biais : fleurs larges de 1-1,5 cm, avec 5 pétales qui se touchent, Le fruit est le réceptacle floral devenu charnu et chargé de minuscules akènes sessiles.
Floraison : V-VI. Habitat : forêts claires, lisières des bois, broussailles. Distribution : toute l'Europe ; Asie septentrionale.
Espèce voisine : **Fraisier musqué,** *F. moschata* (inflorescence de 8 à 15 fleurs, pédoncules floraux couverts de poils étalés verticaux, fleurs larges de 1,5-2,5 cm).

2. Églantier

Rosa canina
(Rosacées)
Arbuste d'1,30 à 2,80 m. Tige épineuse, à crochet. Feuilles imparipennées, alternes, 5 à 7 folioles, ovales ou elliptiques sciées, aiguës, glabres. Fleurs rose pâle. Lobes du calice réfractés après floraison. Fleurs par 1 à 3, pétales de 2-2,5 cm de long.
Floraison : VI. Habitat : buissons, lisières des bois, forêts feuillus.
Espèces voisines : **Églantine des Alpes,** *R. pendulina* (rameaux rougeâtres, sans épines ; fleurs solitaires, 3-5 cm, rouges, portées par pédicelles hispides ; 7 à 11 folioles très dentées ; fruit rouge).
— **Rose des champs,** *R.arvensis*.
— **Rose pomme,** *R. pomifera*.
— **Rose pimprenelle,** *R.pimpinellifolia*.

3. Potentille blanche

Potentilla alba
(Rosacées)
Plante à poils étalés soyeux, atteignant 20 cm de haut. Feuilles toutes radicales, à long pétiole, palmées à 5 folioles lancéolées portant au sommet de petites dents qui sont vert foncé et glabres sur le dessus, couvertes de poils argentés sur le dessous. Tige montante courbés avec 1 à 2 fleurs. Fleurs larges de 1,5-2,5 cm, avec 5 pétales cordiformes qui se chevauchent.
Floraison : IV-VI Habitat : forêts sèches de feuillus. Distribution : Europe orientale et Europe centrale.
Remarque : les quelques espèces de fraisiers dont les fleurs ressemblent à celles des potentilles s'en distinguent par leur réceptacle comestible qui devient charnu au moment de la fructification. Les espèces des deux genres possèdent 5 sépales ainsi qu'un calicule à 5 autres sépales.

1

2

3

1. Tréfle de montagne

Trifolium montanum
(Papilionacées)
Plante à poils apprimés, atteignant 50 cm de haut. Feuilles à long pétiole avec 3 folioles lancéolées finement dentées (feuille de trèfle). Inflorescence sphérique à ovoïde, multiflore, longue de 1-2 cm, à l'extrémité de la tige ; tube du calice à 10 nervures avec 5 dents étroites ; corolle longue de 7-10 mm.
Floraison : V-IX. Habitat : prairies maigres, forêts claires. Distribution : presque toute l'Europe ; Asie occidentale.

2. Tréfle rampant

Trèfle blanc
Trifolium repens
(Papilionacées)
Plante gazonnante aux tiges couchées s'enracinant aux nœuds comme des stolons. Feuilles à long pétiole, à 3 folioles ovales, finement dentées. Fleurs à légère odeur de miel, en capitules sphériques à long pédoncule ; tube du calice à 10 nervures; corolle longue de 7-12mm. Fruit enveloppé des restes du calice et de la corolle desséchée.
Floraison : V-XI. Habitat : prés de fauche, pelouses, bords des chemins, décombres. Distribution : presque dans le monde entier.
Espèce voisine : **Trèfle bâtard,** *T. hybridum* (tige dressée n'ayant pas l'aspect de stolon et ne s'enracinant pas, tube du calice à 5 nervures), sur les prairies grasses, au bord des chemins.

3. Vesce hérissée

Vicia hirsuta
(Papilionacées)
Plante velue, flasque, atteignant 50 cm de haut. Feuilles pennées avec des vrilles simples ou ramifiées. Folioles au nombre de 12 à 20, tronquées sur le devant, linéaires. Inflorescences pédonculées de 3 à 5 fleurs ; tige de l'inflorescence ayant au sommet un appendice analogue à une barbe, long de 1-3 mm ; calice long de 2-3 mm, avec les dents 2 fois plus longues que le tube ; corolle longue de 3-4 mm. Le fruit est une gousse à 2 graines, longue de 6-11 mm et couverte de poils courts.
Floraison : V-VIII. Habitat : pelouses sèches, champs, décombres. Distribution : Europe ; Asie occidentale.
Espèce voisine : **Vesce à quatre graines**, *V. tetrasperma* (tige se l'inflorescence sans appendice, dents du calice plus courtes que le tube, gousse glabre à 4 graines).

4. Lin purgatif

Linum catharticum
(Linacées)
Gracieuse plante glabre atteignant 30 cm de haut. Feuilles opposées, elliptiques, sessiles, ayant jusqu'à 1 cm de long. Inflorescence paniculée ; fleurs penchées avant leur ouverture, ensuite dressées ; sépales longs de 2-3 mm, pointus ; 5 pétales longs de 3-6 mm, blancs à base jaune.
Floraison : VII-VIII. Habitat : prairies sèches ; généralement sur sol calcaire. Distribution : Europe ; Asie occidentale.

1

2

3|4

1. Oxalis

Petite oseille, pain de coucou
Oxalis acetosella +
(Oxalidacées)
Plante légèrement velue de 12 cm de haut. Feuilles toutes radicales, pétiolées à 3 folioles cordiformes. Fleurs à long pédoncule, radicales, pentamères ; étroits sépales ovales, longs de 4-5 mm : pétales longs de 10-16 mm.
Floraison : IV-V. Habitat : forêts ombragées. Distribution : Europe ; Asie, Amérique du nord.
Remarque : plante contenant de l'acide oxalique toxique.

2. Ladanum d'Espagne

Cistus ladaniferus
(Cistacées)
Arbrisseau sempervirent, feuilles vert sombre, mates dessus, tomenteuses jaunâtres dessous, très étroites (1-2 cm), longues (8-10 cm) glutineuses. Grandes fleurs (80 mm diam.) à 5 pétales larges.
Floraison : V-VI. Habitat : taillis, broussailles. Distribution : Provence, Languedoc, Portugal, sud de l'Espagne.

3. Hélianthème des Apennins

Helianthemum apenninum
(Cistacées)
Plante à poils feutrés, lignifiée dans le bas, atteignant 30 cm de haut. Feuilles étroites au bord enroulé, longues de 3 cm. Inflorescence de 3 à 10 fleurs : fleurs larges de 2-3 cm avec 3 courts sépales externes et 5 internes plus longs ainsi que 5 pétales arrondis ; étamines nombreuses.
Floraison : V-VII. Habitat : pelouses sèches, roches ; sur sol calcaire. Distribution : Europe méridionale et centrale.

4. Bryone dioïque

Navet du diable
Bryonia dioica +
(Cucurbitacées)
Liane à tige velue de 4 m de long. Feuilles à court pétiole, au contour pentagonal, pentalobées, à segments grossièrement dentés. Plante dioïque. Fleurs en grappes ; sépales longs de 3-4 mm ; 5 pétales soudés en entonnoir, blanc verdâtre, de près de 1 cm de long : soit uniquement des étamines ou uniquement des carpelles. Fruit rouge.
Floraison : VI-VII. Habitat : haies, lisière des bois, décombres. Distribution : Europe occidentale et Europe centrale.

5. Circée des Parisiens

Herbe aux sorcières
Circaea lutetiana
(Œnothéracées)
Plante à poils courts de 60 cm de haut. Feuilles opposées, pétiolées, ovales, pointues. Inflorescence en grappe aphylle : fleurs dimères ; 2 sépales, glanduleux ; 2 pétales profondément bifides, longs de 2-4 mm. Le fruit est une nucule à poils crochus.
Floraison : VII-VIII. Habitat : forêts, sentiers des bois. Distribution : Europe ; Asie Mineure, Afrique du Nord.

6. Myriophylle en épi

Myriophyllum spicatum
(Halorrhagidacées)
Plante flottante de 3 m de long. Feuilles en verticilles de 4, pétiolées, avec de nombreux segments filiformes. Fleurs verticillées, formant un épi interrompu, tétramères ; pétales d'environ 2 mm de long.
Floraison : VII-IX. Habitat : eaux stagnantes. Distribution : cosmopolite.

1|2

3|4

5|6

1. Carotte sauvage

Daucus carota

(Ombellifères)

Plante à poils hérissés d'1 m de haut. Feuilles pétiolées, embrassant la tige de sa base élargie en gaine, 2 fois pennées, avec des segments pennatilobés. Inflorescence en double ombelle, plate ou bombée à la floraison, déprimée en nid à la fructification, entourée à la base d'un involucre de bractées pennées ; fleurs à ovaire infère ; pas de sépales; 5 pétales cordiformes, échancrés ; pétales dirigés vers l'extérieur dans l'ombelle nettement plus grands; fleurs du centre de l'ombelle composées généralement à corolle pourpre. Fruits avec des rangées longitudinales d'aiguillons.

Floraison : VI-X. Habitat : prairies grasses et prairies maigres, champs de mauvaises herbes. Distribution : presque dans le monde entier.

2. Grande astrance

Astrantia major

(Ombellifères)

Plante glabre d'1 m de haut. Tige peu feuillée, généralement ramifiée uniquement au sommet. Feuilles radicales à long pétiole généralement pentafides ; segments souvent un peu lobés, au bord denté. Fleurs insignifiantes en ombelles simples ; nombreuses grandes bractées involucrales blanches à rougeâtres, ayant jusqu'au double de la longueur des rayons de l'ombelle et des fruits.

Floraison : VI-IX. Habitat : prairies grasses, broussailles, lisières des forêts ; généralement sur sol calcaire. Distribution : Europe centrale et Europe méridionale.

Espèce voisine : **Astrance de Bavière,** *A. bavarica* (toute la plante beaucoup plus petite, bractées involucrales frêles, presque transparentes), dans les Alpes du Nord et du Sud.

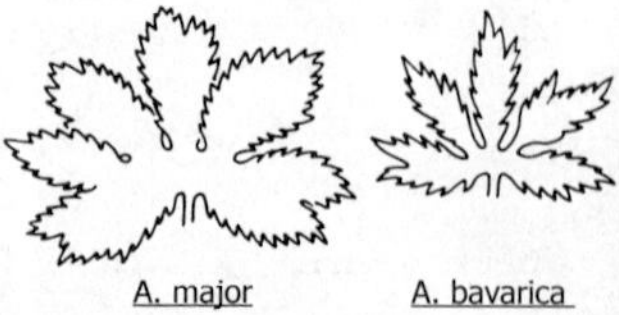

Feuilles

3. Grand boucage

Pimpinella magor

(Ombellifères)

Plante glabre d'1 m de haut avec tige anguleuse sillonnée. Feuilles radicales et caulinaires, élargies seulement légèrement en gaine à la base du pétiole, 1 fois pennées, avec des segments oblongs à dents irrégulières aiguës. Inflorescence en double ombelle; pas d'involucre ni d'involucelles ; pétales longs de 1-1,5 mm ; style long de 1,5-2 mm. Fruit ovale, lisse.

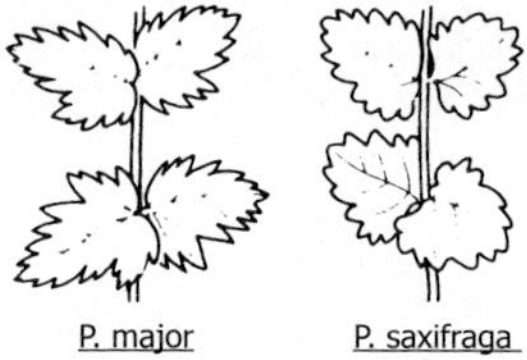

Découpures des feuilles

Floraison : VI-VII. Habitat : prairies grasses, arbustes hauts. Distribution : presque toute l'Europe.

Espèce voisine : **Boucage saxifrage,** *P. saxifraga* (tige finement striée, segments des feuilles généralement arrondis, style long de 0,8-1 mm, fruit large ovale à sphérique), dans les prairies sèches et les forêts claires.

1

2|3

1. Sanicle d'Europe

Sanicula europaea
(Ombellifères)
Plante de 50cm de haut. Feuilles presque toutes radicales, à long pétiole, pentalobées presque jusqu'au milieu, avec des segments grossièrement dentés ; feuilles caulinaires sessiles et petites. Ramifications de l'inflorescence en ombelle sur la tige ; pousses latérales avec généralement une ramification tripartite ; fleurs en ombelles analogue à des capitules, entourées de 4 à 8 bractées involucrales. Fleurs extérieures mâles, nombreuses ; fleurs intérieures femelles, au nombre de 1 à 3. Fruit sphérique, épineux.
Floraison : V-VI. Habitat : forêts mixtes de feuillus, hêtraies ; sur sol calcaire. Distribution : Europe ; Asie occidentale.

2. Petite ciguë

Aethusa cynapium +
(Ombellifères)
Plante glabre, ramifiée, d'1 m de haut. Feuilles 2 à 3 fois pennées, vert fonçé brillant, avec des segments pennatilobées ou dentés. Fleurs en double ombelle ; pas d'involucre ou seulement 1 à 2 étroites bractées ; involucelles avec d'un seul côté 3 petites bractées plus longues que les fleurs ; pétales ayant jusqu'à 2 mm de long. Fruit oblong avec 5 côtes assez épaisses.
Floraison : VI-X. Habitat : champs, bords des chemins, décombres. Distribution : presque toute l'Europe.

3. Cerfeuil de montagne

Chaerophyllum hirsutum
(Ombellifères)
Plante velue d'1 m de haut. Tige ramifiée, légèrement épaissie aux nœuds. Feuilles pétiolées, 2 fois pennées, avec segments grossièrement sciés. Fleurs en double ombelle ; pas d'involucre ; bractées de l'involucelle lancéolées, bordées de touffes de cils ; pétales ciliés au bord. Fruit fusiforme, long de 8-12 mm, sans bec, avec des côtes longitudinales.

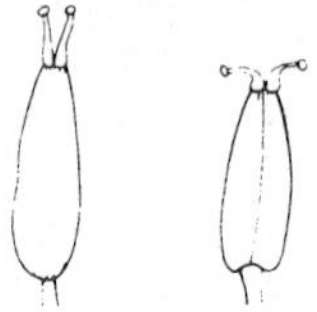

C. hirsutum A.sylvestris

Fruits

Floraison : V-VIII. Habitat : prairies grasses, bords des ruisseaux. Distribution : montagnes d'Europe.
Espèces voisines : **Cerfeuil doré,** *Ch. aureum* (tige épaissie aux nœuds, tachée de rouge, feuilles 3 à 4 fois pennées, pétales non ciliés), aux endroits riches en azote. — **Anthrisque sylvestre,** *Anthriscus sylvestris* (feuilles 2 à 3 fois pennées, pétales glabres, fruit fusiforme sans côtes mais avec un court bec sillonné).

4. Podagraire

Herbe aux goutteux
Aegopodium podagraria
(Ombellifères)
Plante glabre de 1 m de haut. Feuilles 1 à 2 fois trifoliées, avec des segments finement dentés. Pas d'involucre ni d'involucelle ; pétales longs de 1,5 mm. Fruit ovoïde, à côtes filiformes.
Floraison : VI-VIII. Habitat : forêts de bordure, haies, jardins, Distribution : Europe ; Asie septentrionale.

1|2

3

4

1. Ciguë aquatique

Cicuta virosa +

(Ombellifères)

Plante d'1,50 m de haut. Feuilles 2 à 3 fois pennées, avec d'étroits segments lancéolés à dents pointues. Pas d'involucre ; bractées des involucelles très étroites, pointues, dégénérées ; fleurs à sépales pointus ; pétales longs de 1 mm. Fruits sphériques.

Floraison : VII-VIII. Habitat : étangs, roseaux. Distribution : Europe centrale et Europe septentrionale ; Asie septentrionale.

2. Grande ciguë

Conium maculatum +

(Ombellifères)

Plante glabre, à l'odeur désagréable, de 2 m de haut. Tige tachée de pourpre dans le bas. Feuilles 3 à 4 fois pennées, avec des segments à dents obtuses. Bractées des involucelles d'un seul côté seulement, dégénérées ; pétales longs de 1,5 mm. Fruits ovoïdes à côtes longitudinales ondulées.

Floraison : VII-IX. Habitat : bords des chemins, décombres ; sur sols contenant de l'azote. Distribution : Europe ; Asie septentrionale.

3. Cumin des prés

Carum carvi

(Ombellifères)

Plante glabre d'1 m de haut, avec une tige ramifiée. Feuilles plusieurs fois pennées à segments oblongs ; 1 paire de segments repoussée jusqu'à la tige. Généralement pas d'involucre ni d'involucelles. Fruit oblong elliptique, brun avec des côtes claires.

Floraison : V-VII. Habitat : prés de fauche, bords des chemins. Distribution : Europe ; Asie, Amérique du Nord.

4. Angélique des bois

Angelica sylvestris

(Ombellifères)

Plante glabre de 2 m de haut. Feuilles grandes, 2 fois pennées, avec des segments dentés elliptiques. Généralement pas d'involucre ; bractées des involucelles nombreuses ; pétales ayant jusqu'à 15 mm de long. Fruits ovales avec des côtes marginales ailées, longs de 4-6 mm.

Floraison : VII-VIII. Habitat : forêts de bordure, prairies humides, arbustes hauts. Distribution : Europe ; Sibérie.

5. Berce spondyle

Heracleum sphondylium

(Ombellifères)

Plante à poils hérissés de 2 m de haut. Feuilles lobées à pennées, celles du bas pétiolées et grandes ; feuilles caulinaires sessiles à gaines renflées. Pas d'involucre ; bractées des involucelles nombreuses. Fruit ovoïde, plat avec un bord ailé étroit.

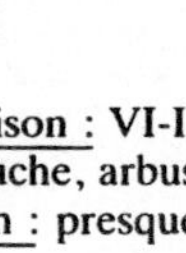

Fruit

Floraison : VI-IX. Habitat : prés de fauche, arbustes hauts. Distribution : presque toute l'Europe.

1

2|3

4|5

1. Pyrole unilatérale

Orthilia secunda **!**

(Pirolacées)

Plante de 20 cm de haut. Feuilles rassemblées dans le tiers inférieur de la tige, larges et lancéolées, pointues, au bord finement denté et à court pétiole. Fleurs en une grappe compacte, unilatérale ; sépales petits, triangulaires ; pétales longs de 3-4 mm, inclinés en cloche les uns vers les autres, vert blanchâtre ; anthères sans appendices éperonnés ; style droit.

Floraison : VI-VII. Habitat : forêts de conifères riches en humus. Distribution : Europe ; Asie septentrionale, Amérique du Nord.

2. Pyrole uniflore

Moneses uniflora **!**

(Pirolacées)

Plante de 15 cm de haut. Feuilles en une rosette radicale, à court pétiole, arrondies, finement dentées. Tige portant 1 seule fleur terminale, large de 12-25 mm ; sépales larges ovales, libres jusqu'à la base ; pétales longs de 8-12 mm, étalés à plat, blancs ; anthères avec 2 longs appendices ressemblant à des cornes ; style droit.

Floraison : V-VII. Habitat : forêts de conifères. Distribution : Europe septentrionale et Europe centrale ; Asie septentrionale, Amérique du Nord.

3. Pyrole à feuilles rondes

Pyrola rotundifolia **P**

(Pirolacées)

Plante de 40 cm de haut. Feuilles en une rosette radicale, à long pétiole, à limbe rond à largement ovale, avec des dents distantes. Inflorescence en grappe multilatérale ; sépales 2 à 3 fois plus longs que larges, pointus ; pétales longs de 6-8 mm, inclinés en cloche les uns vers les autres ; cornes des anthères courtes ; style arqué en S, beaucoup plus long que l'ovaire, dépassant de beaucoup les pétales, épaissi au-dessous du stigmate.

Floraison : VI-VIII. Habitat : forêts de pins, forêts de mélèzes ; sur sol calcaire. Distribution : Europe ; Asie septentrionale, Amérique du Nord.

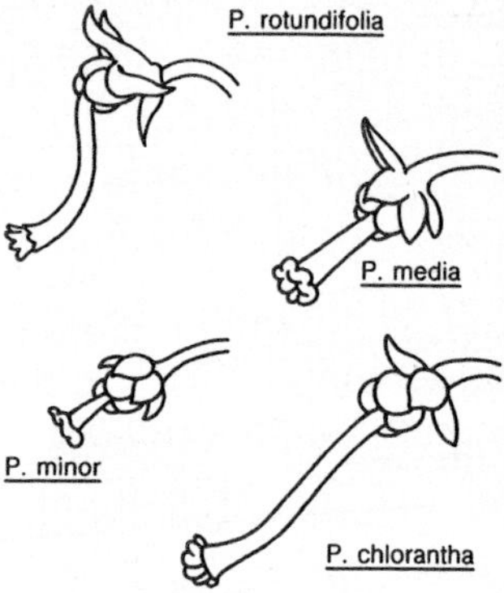

Fleurs sans pétales ni étamines

Espèces voisines : **Pyrole moyenne,** *P. media* (comme pyrole à feuilles rondes, mais avec un style droit). — **Pyrole mineure,** *P. minor* (pétales longs de seulement 3-5 mm, inclinés les uns vers les autres en sphère, anthères sans appendices cornus, style droit, au maximum de la longueur de l'ovaire, ne dépassant pas les pétales, non épaissi au-dessous du stigmate). — **Pyrole à fleurs vertes,** *P. chlorantha* (comme pyrole à feuilles rondes mais sépales plus larges que longs et pétales verdâtres).

1

2|3

1. Busserole

Raisin d'ours, petit buis
Arctostaphylos uva-ursi **!**
(Ericacées)

Sous-arbrisseau couché extrêmement ramifié. Feuilles persistantes, coriaces, ovales, longues de 1-3 cm, entières au bord clair, non épaissi, garni de poils crépus ; pétioles longs d'1 mm. Inflorescences de 3 à 10 fleurs ; 5 sépales glabres, concrescents ; corolle ovale, à 5 courtes lames à la pointe, velue du côté intérieur. Le fruit est une baie rouge d'un diamètre de 6-8 mm.

Floraison : V-VII. Habitat : forêts de pins, étendues sablonneuses, landes. Distribution : Europe ; Asie septentrionale, Amérique du Nord.

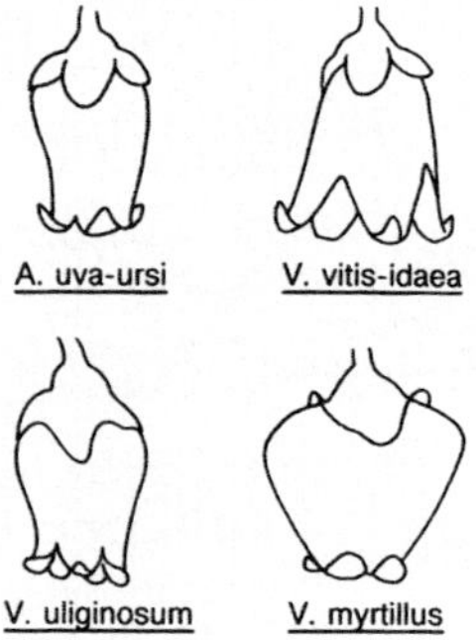

Fleurs

Espèces voisines : **Airelle rouge,** *Vaccinium vitis-idaea* (feuilles persistantes, au bord épais replié vers le bas, corolle glabre à l'intérieur). — **Myrtille,** *V. myrtillus* (rameaux à arêtes ailées, feuilles vertes en été, à bord plat finement denté, fleurs verdâtres, souvent lavées de pourpre, le fruit est une baie bleu foncé de 5-8 mm de diamètre). — **Airelle bleue,** *V. uliginosum* (feuilles vertes en été, minces, entières, vert bleuté sur le dessus, avec un net réseau de veines sur le dessous, corolle courte et cylindrique, longue de 4-6 mm, blanche à rose, le fruit est une baie bleu foncé de 6-8 mm de diamètre).

2. Lédon des marais

Romarin sauvage
Ledum palustre **!**
(Ericacées)

Sous-arbrisseau aux rameaux dressés étalés, de 1,50 m de haut. Feuilles linéaires lancéolées à larges et lancéolées, coriaces, persistantes, avec le bord enroulé vers le bas, glabres sur le dessus, feutrées de brun-rouge sur le dessous. Inflorescence en corymbe multiflore ; calice à 5 dents avec 5 lobes ronds ; corolle étalée en étoile, large de 10-15 mm, avec 5 pétales libres ovales. Le fruit est une capsule longue de 3-6 mm, ovoïde, s'ouvrant brusquement par 5 valves.

Floraison : V-VI. Habitat : tourbières. Distribution : Europe septentrionale ; Asie septentrionale, Amérique du Nord.

Remarque : en voie de disparition dans de nombreux pays du fait de l'assèchement des tourbières.

1

2

1. Andromède à feuilles de polium

Andromeda polifolia **P**
(Ericacées)
Plante glabre de 30 cm de haut avec une partie des pousses rampant dans la mousse. Feuilles étroites lancéolées, longues de 1-5 cm, au bord enroulé vers le bas, persistantes. Fleurs par 2 à 5 en une inflorescence ombelliforme ; calice pentamère ; corolle soudée, ovale, longue de 5-8 mm, avec 5 courtes lames.
Floraison : V-VI. Habitat : tourbières. Distribution : Europe, sauf la zone méditerranéenne ; Amérique du Nord, Asie septentrionale.

2. Trientale d'Europe

Trientalis europaea **P**
(Primulacées)
Plante glabre de 25 cm de haut. Feuilles du bas et du milieu de la tige groupées jusque par 3, très petites ; les autres véritables feuilles verticillées par 5 à 12 au sommet de la tige, lancéolées, longues de 2-5 cm. Fleurs en petit nombre aux aisselles des feuilles supérieures, longuement pédonculées ; calice long de 4-6 mm ; corolle étalée à plat ou en forme de large entonnoir, divisée presque jusqu'à la base en 6 à 7 lames pointues, ayant jusqu'à 15 mm de large.
Floraison : V-VII. Habitat : tourbières de bouleaux, forêts d'épicéas. Distribution : Europe septentrionale et Europe centrale ; Asie septentrionale, Amérique du Nord.

3. Trèfle d'eau

Menyanthes trifoliata **!**
(Ményanthacées)
Plante glabre de 35 cm de haut. Feuilles du sommet de la tige rampante souterraine, à long pétiole, élargies en gaine à la base ; limbe tripartite à folioles ovales, rappelant la feuille de trèfle. Inflorescence en grappe longuement pédonculée ; calice pentapartite presque jusqu'à la base ; corolle à tube en forme d'entonnoir court, avec 5 lames enroulées vers l'extérieur et barbues du côté intérieur.
Floraison : V-VI. Habitat : tourbières, sources, roseaux. Distribution : Europe ; Asie, Amérique du Nord.

4. Dompte-venin officinal

Vinçetoxicum hirundinaria **+**
(Asclépiadacées)
Plante à peine velue d'1 m de haut. Tige non ramifiée. Feuilles opposées, à court pétiole, larges lancéolées à base arrondie ou cordiforme, légèrement duveteuses sur les nervures du dessus. Inflorescences aux aisselles des feuilles supérieures, composées de plusieurs inflorescences partielles en pelotons qui sont entourées de petites bractées lancéolées ; dents du calice pointues, longues de 2 mm ; corolle en entonnoir, large de 4-7 mm, profondément découpée en 5 lames.
Floraison : V-VIII. Habitat : pelouses sèches, forêts claires, broussailles. Distribution : Europe, à l'exception du nord ; Asie, Afrique du Nord.

1

2

3|4

1. Grande consoude

Symphytum officinale
(Borraginacées)

Plante densément velue d'1,50 m de haut. Tige anguleuse ailée. Feuilles lancéolées, celles du bas pétiolées et ayant jusqu'à 25 cm de long, celles du haut plus petites et sessiles ; aile du pétiole décurrent sur la tige jusqu'à la feuille suivante. Inflorescences aux aisselles des feuilles supérieures, denses, unilatérales, recourbées ; calice pentafide jusqu'à la base ; corolle longue de 1,2-2 cm, soudée en forme de tube, avec dans la gorge 5 petites écailles qui se trouvent entre les 5 étamines.

Floraison : V-VII. Habitat : prairies humides, bords des ruisseaux, tourbières. Distribution : Europe ; Asie.

Remarque : se présente sous diverses variétés aux fleurs de couleurs variées. Souvent, les fleurs sont pourpres ou violet rougeâtre mais l'on rencontre aussi des fleurs blanches ou blanc jaunâtre.

2. Liseron des champs

Vrillée
Convolvulus arvensis
(Convolvulacées)

Plante herbacée, de 30 à 100 cm, à tige glabre, couchée ou vrillant à gauche. Feuilles alternes, pétiolées, sagittées à la base. Fleurs à rayures rose pâle, petites, 1,5-2,5 cm de long, en forme d'entonnoir, axillaires, odorantes. Elles s'ouvrent vers 7 h du matin et sont fanées vers 14 h. En 1 heure, leur tige décrit un cercle de plusieurs cm de diamètre dans le sens opposé des aiguilles d'une montre.

Floraison : VI-X. Habitat : jardins, champs, vignobles, chemins. Sols argileux légers. Distribution : Europe, toute la France.

3. Morelle noire

Solanum nigrum +
(Solanacées)

Plante légèrement velue de 60 cm de haut. Tige ronde, lisse. Feuilles larges ovales à triangulaires, sinuées et dentées, pétiolées. Inflorescences aux aisselles des feuilles supérieures, à pédoncules longs de 1,5-2,5 cm, composées de 4 à 10 fleurs ; calice aux dents ovales obtuses et aux anses pointues ; corolle étalée à plat au bord profondément découpé en 5 parties, large de 6-10 mm. Le fruit est une baie noire.

Floraison : VI-X. Habitat : décombres, champs, jardins. Distribution : cosmopolite.

4. Pomme épineuse

Datura stramonium +
(Solanacées)

Plante herbacée de 30 à 100 cm, tige nue, dressée. Feuilles pétiolées, ovales, à dents échancrées, fétides. Grandes fleurs en entonnoir, dressées, 5-8 cm, en fourches ou terminales. S'ouvrent entre 19 et 20 heures, sauf par temps pluvieux. Fruit en capsule à nombreuses épines ; s'ouvre en 4 valves ; contient de nombreuses graines.

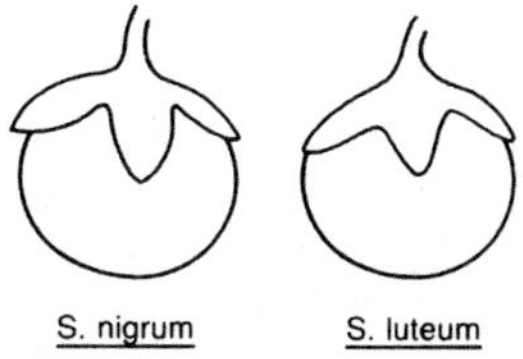

Fruits

Floraison : VI-IX. Habitat : milieux rocheux, zones cultivées, sols remaniés, chemins, murs, sols légers. Distribution : Europe. Espèce voisine : **Stramoine à grandes fleurs,** *D. metel*.

1|2

3|4

1. Marrube commun

Marrubium vulgare
(Labiacées)
Plante densément couverte de poils feutrés, de 60 cm de haut. Feuilles opposées, pétiolées, larges et ovales, longues de 2-4 cm, ridées, au bord à dents obtuses. Fleurs à court pédoncule en denses inflorescences verticillées multiflores aux aisselles des feuilles supérieures ; calice long de 4-6 mm, densément couvert de poils étoilés, avec 10 dents épineuses, crochues à l'époque de la fructification ; corolle longue de 6-7 mm.
Floraison : VI-VIII. Habitat : bords des chemins, décombres. Distribution : Europe méridionale, mauvaise herbe chez nous ; Asie centrale.

M. vulgare

Induvie

2. Lycope d'Europe

Chanvre d'eau
Lycopus europaeus
(Labiacées)
Plante presque glabre d'1 m de haut. Tige simple ou avec des rameaux étalés. Feuilles opposées, sessiles ou à court pétiole, lancéolées, longues de 3-8 cm, à dents fines et grosses, glabres ou avec des poils épars. Fleurs sessiles, nombreuses, verticillées aux aisselles des feuilles supérieures ; calice long de 2,5-4 mm, aux dents à longue pointe, deux fois plus longues que le tube ; corolle longue de 4-6 mm, blanche ; lèvre inférieure ponctuée de rouge.
Floraison : VII-IX. Habitat : roseaux, fossés, marais alluvionnaires. Distribution : Europe ; Asie.

3. Lamier blanc

Ortie blanche
Lamium album
(Labiacées)
Plante à poils épars de 50 cm de haut. Tige quadrangulaire, généralement non ramifiée. Feuilles opposées, pétiolées, arrondies à larges et lancéolées, cordiforme à arrondie à la base, souvent à longue pointe, au bord grossièrement scié. Fleurs sessiles en inflorescences partielles verticillées aux aisselles des feuilles supérieures ; calice en entonnoir avec des dents pointues inégales ; corolle longue de 2-2,5 cm ; lèvre supérieure bombée ; lèvre inférieure repliée vers le bas ; segments latéraux de la lèvre inférieure avec une étroite dent lancéolée.
Floraison : IV-VIII. Habitat : broussailles, bords des chemins, décombres. Distribution : vastes régions d'Europe ; Asie septentrionale et Asie orientale.

4. Mélisse des bois

Melittis melissophyllum
(Labiacées)
Plante herbacée vivace, pubescente, à odeur forte, de 25 à 60 cm. Tige à 4 angles, dressée. Feuilles ovales, aiguës, très grandes, régulièrement dentées, opposées, un peu cordées à la base. Fleurs, 40 mm long, axillaires, à grand calice membraneux. Corolle à lèvre supérieure arrondie, entière, à lèvre inférieure trilobée.
Floraison : V-VII. Habitat : bois clairs, chênaies. Distribution : Europe méridionale.

1|2

3|4

1. Euphraise commune

Casse-lunettes
Euphrasia rostkoviana
(Scrofulariacées)

Plante de 30 cm de haut, avec des poils glanduleux dans sa partie supérieure. Tige généralement ramifiée dans le bas. Feuilles sessiles, ovales, celles du haut avec 3 à 6 dents à peine barbues de chaque côté. Fleurs solitaires aux aisselles des feuilles supérieures ; calice long de 5-6 mm ; corolle longue de 8-14 mm, s'allongeant à la floraison et dépassant le calice de son tube. Le fruit est une capsule velue oblongue de 4-6 mm de long.

Floraison : V-X. Habitat : prairies, pâturages. Distribution : Europe, à l'exception du nord et du sud.

Espèces voisines : **Euphraise versicolore,** *E. picta* (comme l'euphraise commune mais plante non glanduleuse, avec uniquement des poils courts), dans les Alpes et les Préalpes. — **Euphraise dressée,** *E. stricta* (feuilles du milieu et du haut avec de chaque côté 3 à 7 dents pointues à courtes barbes, corolle longue de 6-10 mm, ne grandissant pas pendant la floraison et son tube ne dépassant pas le calice), sur les prairies maigres, dans les forêts claires. — **Euphraise de Salzburg,** *E. salisburgensis* (plante ayant jusqu'à 20 cm de haut, feuilles avec 2 à 5 dents barbues des deux côtés, corolle longue de 5-7 mm, capsule glabre), dans les montagnes d'Europe centrale et d'Europe méridionale, dans les Alpes, les Préalpes et le Jura.

Intéressant pour la biologie : Les euphraises sont des semi-parasites des herbes qui ne peuvent satisfaire leurs besoins en eau et en matières nutritives que grâce aux racines de leur hôte.

2. Aspérule odorante

Petit muguet
Galium odoratum +
(Rubiacées)

Plante glabre de 30 cm de haut. Feuilles verticillées par 6 à 9, lancéolées, entières. Inflorescences ombelliformes, terminales ou aux aisselles des feuilles supérieures, pauciflores ; pas de calice ; corolle en forme d'entonnoir, tube long de 1 mm et 4 lames étalées, pointues. Fruit nuculaire, sphérique, haut de 2-3 mm, garni de poils crochus.

Floraison : IV-V. Habitat : forêts, surtout de hêtres. Distribution : presque toute l'Europe ; Asie septentrionale.

Remarque : la plante contient de la coumarine toxique ; elle ne doit donc pas être utilisée pour la préparation de vin aromatisé.

Espèces voisines : **Gaillet blanc,** *G. album* (plante atteignant 1 m de haut, ramifiée, feuilles verticillées par 6 à 9, étroites et lancéolées, à 1 nervure, inflorescence pyramidale, riche en fleurs, corolle large de 3-4 mm, fruit lisse), dans les prairies. — **Gaillet du Nord,** *G. boreale* (contrairement aux autres espèces, feuilles avec 3 nettes nervures parallèles), sur les prairies maigres, les prés tourbeux, dans les forêts claires.

1

2

1. Raiponce en épi

Phyteuma spicatum
(Campanulacées)
Plante de 70 cm de haut. Feuilles radicales cordiformes, à long pétiole, irrégulières, 2 fois dentées, souvent tachées de foncé ; feuilles caulinaires supérieures sessiles. Fleurs en épi ovoïde à cylindrique, arquées avant la floraison, blanches, rarement bleu clair, avec 2 stigmates.
Floraison : V-VII. Habitat : forêts de feuillus, broussailles, prairies de montagne ; sur sols humides, riches en humus et en matières nutritives. Distribution : Europe centrale, des Pyrénées et de l'Angleterre jusqu'en Russie centrale.

2. Fausse camomille d'Autriche

Anthemis austriaca
(Composées tubuliflores)
Plante à poils épars atteignant 60 cm de haut, avec une tige ramifiée. Feuilles généralement 2 fois pennatilobées. Capitules de fleurs larges de 2-4 cm, à disque hémisphérique ; paillettes se rétrécissant assez brusquement en une courte pointe ; ligules blanches ; fleurons jaunes. Fruits à 4 arêtes, comprimés, avec sur le haut un très court bord redressé.
Floraison : VII-IX. Habitat : champs, bords des chemins, friches ; sur sols glaiseux contenant du calcaire aux endroits chauds. Distribution : de l'Europe méridionale à l'Elbe à l'ouest et le Danube au nord ; partout ailleurs sporadique.

3. Pâquerette vivace

Bellis perennis
(Composées tubuliflores)
Plante gazonnante atteignant 15 cm de haut. Feuilles spatulées, crénelées, pétiolées, en rosette radicale. Tige aphylle à 1 seul capitule. Fleurons jaunes ; ligules blanches à roses.
Floraison : VI-IX. Habitat : pelouses. Distribution : Europe ; Asie Mineure, acclimatée dans beaucoup de régions.

4. Vergerette du Canada

Conyza canadensis
(Composées tubuliflores)
Plante à poils épars atteignant 1 m de haut. Feuilles caulinaires lancéolées, entières ou légèrement dentées. Fleurs en nombreux capitules larges de 3-5 mm ; ligules à peine plus longues que l'involucre, blanches ; fleurons un peu plus courts, blanc jaunâtre. Fruits d'environ 1 mm de long, velu, avec une aigrette jaunâtre.
Floraison : VI-X. Habitat : décombres, bords des chemins, remblais de voie ferrée, champs. Distribution : cosmopolite.

5. Vergerette annuelle

Erigeron annuus
(Composées tubuliflores)
Plante à poils épars de 1,50 m de haut. Feuilles caulinaires lancéolées, grossièrement dentées ou entières. Fleurs en nombreux capitules larges de 2 cm ; ligules étalées, plus longues que l'involucre, blanches à lilas tendre ; fleurons jaunes. Fruit d'environ 1 mm, velu, avec une aigrette blanche.
Floraison : VI-X. Habitat : décombres, bords des chemins. Distribution : Europe.

1|2

3

4|5

1. Tanaisie en corymbe

Tanacetum corymbosum
(Composées tubuliflores)
Plante à poils épars de 1 m de haut, légèrement ramifiée dans sa partie supérieure. Feuilles 2 fois pennatilobées, avec des segments dentés lancéolés, celles du bas à long pétiole, celles du haut sessiles. Capitules en corymbe large de 2-3 cm ; bractées involucrales lancéolées, bordées de brunâtre ; ligules blanches ; fleurons jaunes. Fruit à bord denté au sommet.
Floraison : VI-VIII. Habitat : forêts sèches, pentes broussailleuses. Distribution : Europe.

2. Galinsoga cilié

Galinsoga ciliata
(Composées tubuliflores)
Plante à poils étalés de 60 cm de haut. Feuilles opposées, pétiolées, ovales à lancéolées, à dents pointues. Capitules solitaires ou en panicules pauciflores, larges de 3-5 mm ; involucre sphérique, parsemé de poils glanduleux ; ligules longues de 1-2 mm, généralement au nombre de 4 ou 5 ; fleurons jaunes. Fruits avec une aigrette composée de 8 à 20 écailles parcheminées frangées.
Floraison : V-X. Habitat : champs et jardins (mauvaise herbe). Distribution : Amérique centrale et Amérique du Sud, répandu dans le monde entier.
Espèce voisine : **Galinsoga à petites fleurs,** *G. parviflora* (plante glabre, tige au maximum velue dans sa partie supérieure avec des poils apprimés clairsemés).

3. Achillée mille-feuille

Herbe au charpentier
Achillea millefolium
(Composées tubuliflores)
Plante velue de 60 cm de haut. Feuilles étroites lancéolées, 2 à 3 fois pennatilobées, avec d'étroits lobes lancéolés. Capitules en corymbe large de 4-8 mm ; involucre long de 3-4,5 mm ; ligules au nombre de 4 ou 6, étalées, blanches ; fleurons blanc jaunâtre ; écailles parcheminées entre les fleurs. Fruits sans aigrette.
Floraison : VI-X. Habitat : prairies grasses, pâturages. Distribution : Europe ; Asie septentrionale.
Espèce voisine : **Herbe à éternuer,** *A. ptarmica* (feuilles linéaires finement dentées, inflorescences plus grandes, larges de 12-17 mm) sur les prés très humides, dans les fosses.

4. Carline acaule

Carlina acaulis **!**
(Composées tubuliflores)
Plante presque sans tige de 10 cm de haut. Feuilles en rosette radicale, lancéolées, pennées, à bord épineux. Capitule solitaire au milieu de la rosette, large de 3,5-4,5 cm et même de 5-12 cm avec les bractées involucrales étalées ; bractées nombreuses, celles de l'intérieur étroites et blanc argenté sur le côté intérieur ; fleurons blanchâtres à rougeâtres.
Distribution : Europe centrale et Europe orientale.

1|2

3

4

1. Scheuchzérie des marais
Scheuchzeria palustris
(Joncaginacées) **P**
Plante glabre de 20 cm de haut. Tige feuillée. Feuilles herbacées, élargies en gaine à la base. Fleurs en grappes pauciflores, avec 6 petits pétales vert jaunâtre. Fruits petits au nombre de 3 qui sont des follicules renflés.
Floraison : V-VII. Habitat : tourbières. Distribution : Europe, à l'exception du sud ; Asie septentrionale, Amérique du Nord.

2. Potamot nageant
Potamogeton natans
(Potamogétonacées)
Plante aquatique flottante avec des tiges de 2 m de long. Feuilles à long pétiole, coriaces, ovales, à base cordiforme ou arrondie, ayant jusqu'à 10 cm de long. Fleurs en épis courts émergeant de l'eau, petites, avec 4 étamines qui portent chacune sur le dos un appendice vert analogue à un pétale. Le fruit est une nucule.
Floraison : V-VIII. Habitat : eaux stagnantes ou à courant lent. Distribution : cosmopolite.
Remarque : il existe beaucoup de potamots flottants et submergés qui sont très difficiles à distinguer les uns des autres ; on n'arrive à les identifier qu'à l'aide de manuels détaillés.

3. Troscart maritime
Triglochin maritimum
(Joncaginacées)
Plante glabre de 70 cm de haut. Feuilles herbacées, engainantes à la base, toutes réunies en une rosette radicale. Inflorescence en longue grappe dense, multiflore, à long pédoncule ; pédicelles des fleurs très courts ; pétales longs de 1,5-2 mm, au nombre de 6, vert-jaune ; carpelles concrescents ; 6 stigmates. Fruit ovoïde, se séparant en 6 fractions à maturité.
Floraison : VI-VII. Habitat : prés salés sur les côtes et dans l'intérieur des terres. Distribution : très répandu dans l'hémisphère Nord.

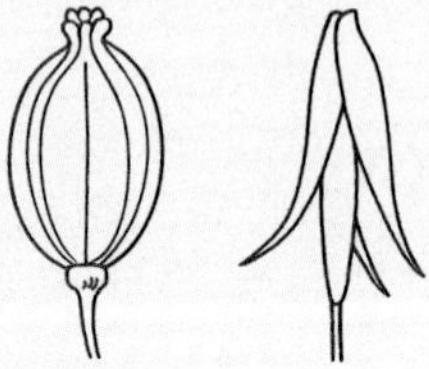
T. maritimum T. palustre

Fruits

Espèce voisine : **Troscart des marais,** *T. palustre* (grappe de fleurs plus lâche, 3 stigmates, fruit se séparant en 3 fractions pointues à maturité), dans les tourbières, près des sources et dans les fosses.

4. Petite lentille d'eau
Lemna minor
(Lemnacées)
Petite plante aquatique à tige et feuilles indifférenciées. Frondes ovales flottantes, analogues à des feuilles, longues de 2-6 mm, réunies à quelques-unes, plates, avec 1 racine filiforme sur le dessous. Fleurs minuscules et très rares.
Floraison : IV-VII. Habitat : eaux stagnantes ou à courant lent. Distribution : cosmopolite.
Espèce voisine : **Spirodèle à racines nombreuses,** *Spirodela polyrrhiza* (comme la petite lentille d'eau mais frondes portant 2 à 10 racines sur la face inférieure).

1|2

3

4

1. Parisette à quatre feuilles

Paris quadrifolia +
(Liliacées)
Plante glabre de 40 cm de haut. Tige dressée. Feuilles en 1 seul verticille au sommet de la tige, généralement au nombre de 4, parfois 5 ou 6, penninervées. Fleurs terminales sur une tige longue de 2-5 cm ; tépales verts en 2 verticilles de chacun 4 tépales, lancéolés à linéaires ; 8 étamines (rarement plus). Le fruit est une baie noire, sphérique, pruinée de bleu, ayant jusqu'à 1 cm d'épaisseur.
Floraison : V-VI. Habitat : forêts de feuillus, plus rarement de conifères. Distribution : presque toute l'Europe ; Asie.

2. Arum tacheté

Gouet maculé, pied-de-veau
Arum maculatum +
(Aracées)
Plante de 50 cm de haut. Feuilles sagittées, longues de 10-20 cm, à long pétiole ; nervures des feuilles reliées en réseau. Inflorescence (spadice) longue de 5-10 cm, violet pourpré au sommet, entourée d'une bractée (spathe) longue de 10-25 cm, vert-jaune souvent tachée de rouge. L'infrutescence à maturité brise la partie inférieure de la spathe ; fruits mûrs rouge vif d'un diamètre d'environ 5 mm.
Floraison : IV-V. Habitat : forêts de feuillus et d'essences mixtes ; sur sols humides, riches en humus et contenant du calcaire. Distribution : vastes régions d'Europe ; absent dans les régions au sol non calcaire.
Intéressant pour la biologie : l'arum a une façon très particulière d'assurer la fécondation de ses fleurs. Attirés par l'odeur de charogne du spadice, de petits moustiques et de petites mouches se posent sur la spathe ou le spadice ; leurs surfaces étant lisses et glissantes, les insectes ne peuvent s'y maintenir et tombent dans la poche, formée par la partie inférieure de la spathe et enveloppant les fleurs. Au fond, tout autour du spadice, se trouvent les fleurs femelles, constituées uniquement de l'ovaire avec le stigmate et, un peu au-dessus, les fleurs mâles comportant uniquement 3 à 4 anthères. Au-dessus et au-dessous des

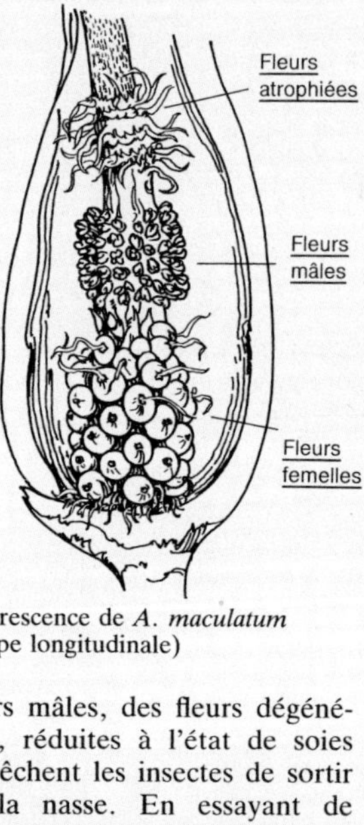

Inflorescence de *A. maculatum* (coupe longitudinale)

fleurs mâles, des fleurs dégénérées, réduites à l'état de soies empêchent les insectes de sortir de la nasse. En essayant de s'échapper, ceux-ci se débarrassent du pollen qu'ils ont récolté sur des fleurs plus âgées. Après la pollinisation, les stigmates se ratatinent. Les surfaces glissantes s'assèchent, la poche avec les fleurs en forme de soies se relâche, laissant la voie libre aux insectes qui ont renouvelé leur stock de pollen.

1

2

1. Acore calame

Jonc odorant
Acorus calamus
(Aracées)
Plante d'1,50 m de haut. Feuilles raides, herbacées, ayant jusqu'à 2 cm de large. Tige triangulaire. Inflorescence (spadice) apparemment insérée sur le côté ; bractée (spathe) jusqu'à 10 fois plus longue que le spadice, semblant prolonger la tige. Fleurs toutes très petites, hermaphrodites ; tépales ayant moins de 1 mm de long, vert-jaune. Le fruit est une baie rougeâtre.
Floraison : V-VII. Habitat : eaux stagnantes ou coulant lentement, à fond vaseux ; parmi les roseaux, les laîches et les carex. Distribution : vastes régions d'Europe ; Asie, Amérique du Nord.

2. Rubanier dressé

Ruban d'eau
Sparganium erectum
(Sparganiacées)
Plante de 2 m de haut. Feuilles triangulaires ayant jusqu'à 15 mm de large. Tige ramifiée. Fleurs mâles et fleurs femelles en inflorescences sphériques différentes sur un même pied ; aux ramifications de la tige, il y a aussi des inflorescences mâles (en haut) et des inflorescences femelles (en bas) ; fleurs à tépales scarieux. Fruits longs de 7-11 mm, rostrés, avec la partie supérieure plate et large (épaule).
Floraison : VI-VIII. Habitat : eaux stagnantes ou coulant lentement ; fosses, marécages. Distribution : presque toute l'Europe ; Asie, Amérique du Nord.
Espèces voisines : **Rubanier à petits fruits,** *S. microcarpum* (fruits avec la partie supérieure en forme d'oignon). — **Rubanier négligé,** *S. neglectum* (fruits à contour fusiforme). — **Rubanier à fruits ovales,** *S. oocarpum* (fruits ovales à arrondis).

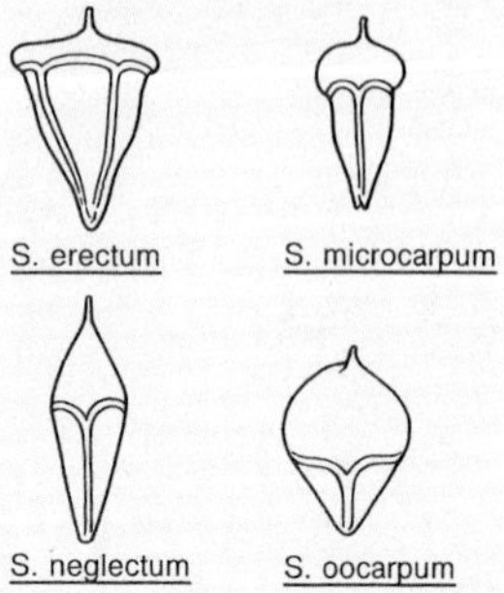

Fruits

3. Massette à feuilles étroites

Typha angustifolia
(Typhacées)
Plante de 3 m de haut. Feuilles larges de 3-10 mm, généralement bombées sur le dessous. Fleurs mâles et fleurs femelles très petites, entourées de longs poils à la base, en différents spadices cylindriques superposés de même longueur, nettement séparés les uns des autres.
Floraison : VII-VIII. Habitat : eaux stagnantes à fond vaseux ou sablonneux, jusqu'à 1,50 m de profondeur. Distribution : vastes régions d'Europe ; Asie, Amérique du Nord.
Espèces voisines : **Massette à larges feuilles,** *T. latifolia* (feuilles larges de 10-20 mm, aplaties, spadices mâles et spadices femelles se touchant). — **Massette de Shuttleworth,** *T. shuttleworthii* (spadices mâles et spadices femelles se touchant, les mâles étant moitié moins longs que les femelles à poils gris). — **Massette naine,** *T. minima* (feuilles n'ayant que 1-2 mm de large, spadices femelles arrondis).

1|2

3

1. Ophrys mouche

Ophrys insectifera !
(Orchidacées)
Plante glabre de 40 cm de haut, avec une tige simple. Feuilles à la partie inférieure de la tige, ovales à lancéolées, entières, engainant souvent la tige. Inflorescence en épi pauciflore ; bractées semblables aux feuilles caulinaires les plus hautes, plus longues que l'ovaire ; 3 tépales extérieurs ovales, verts, longs de 5-8 mm, les 2 intérieurs supérieurs filiformes, rouge brunâtre (ayant l'aspect des antennes d'un insecte) ; labelle long de 10-15 mm, brun à brun rougeâtre, 2 fois plus long que large, trilobé, le lobe central étant profondément découpé à la pointe.
Floraison : V-VI. Habitat : pelouses sèches, pinèdes claires. Distribution : presque toute l'Europe.
Espèce voisine : **Ophrys araignée,** *O. sphegodes* (tépales extérieurs ovales, longs de 8-12 mm, vert-jaune, les 2 intérieurs supérieurs lancéolés, vert clair ; labelle presque aussi long que large, seulement vaguement tripartite, à peine découpé à la pointe), sur les pelouses sèches.

Fleur

2. Néottie nid d'oiseau

Neottia nidus avis !
(Orchidacées)
Plante glabre, jaunâtre à brunâtre, de 40 cm de haut, avec une tige simple. 4 à 6 feuilles lancéolées, engainant la tige, brun clair. Inflorescence longue de 5-15 cm, multiflore ; bractées étroites lancéolées, moitié moins longue que l'ovaire ; les 5 tépales supérieurs inclinés les uns vers les autres, ovales, obtus, longs de 4-6 mm, bruns ; labelle long de 7-12 mm, profondément divisé en 2 lobes rubanés à la pointe.
Floraison : V-VI. Habitat : hêtraies et forêts d'essences feuillues mixtes ; généralement sur sol calcaire. Distribution : presque toute l'Europe ; Sibérie.
Intéressant pour la biologie : la néottie est une plante saprophyte : avec l'aide de champignons, elle vit des substances organiques du sol de la forêt.

3. Listère ovale

Listera ovata !
(Orchidacées)
Plante glabre de 50 cm de haut, avec une tige simple. 2 feuilles, sessiles au-dessus de la base de la tige, arrondies à larges et ovales, longues de 5-10 cm, obtuses, entières. Inflorescence multiflore ; bractées des fleurs ovales, aussi longues que l'ovaire ; 5 tépales supérieurs inclinés les uns vers les autres, obtus, longs de 3-4 mm, verts ; labelle vert-jaune, long de 6-8 mm, étroit et cunéiforme, profondément bipartite à la pointe.
Floraison : V-VII. Habitat : prairies maigres, forêts claires de feuillus et de conifères ; généralement sur sol calcaire. Distribution : presque toute l'Europe ; Asie septentrionale.
Espèce voisine : **Listère à feuilles cordiformes,** *L. cordata* (plante atteignant 20 cm de haut, feuilles triangulaires cordiformes, ayant jusqu'à 3 cm de long, inflorescence pauciflore, tépales extérieurs verts, labelle rouge ayant jusqu'à 4 mm de long), dans les forêts de conifères.

1

2|3

1. Orchis à deux feuilles

P

Orchis bifolia
(Orchidacées)
Plante herbacée à bulbe de 20-40 cm. Tige étroite, dense, cylindrique, à deux grandes feuilles ovales à la base. Quelques petites feuilles caulinaires, étroites. Inflorescence légère. Grappe à fleurs nombreuses. Fleurs à éperons fins et allongés (15-20 mm), deux fois plus longs que l'ovaire torsadé. Pollinies parallèles.
Floraison : V-VII. Habitat : forêts de feuillus et conifères, pelouses clairsemées, landes, sols calcaires, montagne jusqu'à 2 000 m.
Espèces voisines : **Orchis vert,** *P. chlorantha, O. viridis* (à longue hampe de fleurs blanc-jaune, à pollinies divergentes à la base), dans les prés humides, les marais. **Orchis bouc,** *hircinum.* — **Orchis homme-pendu,** *A. antropophora.*

2. Asaret d'Europe

Oreille d'homme
Asarum europaeum
(Aristolochiacées)
Plante de 10 cm de haut. Tige rampante à feuilles scarieuses décolorées. Feuilles chaque fois par 2 sur les tiges florifères, à long pétiole, cordiformes arrondies, coriaces, vert foncé. Fleurs solitaires terminales ; corolle en cloche, à 3 tépales, soudée à la base, longue de 1-1,5 cm, verdâtre extérieurement, brun-rouge intérieurement.
Floraison : IV-V. Habitat : forêts mixtes de feuillus ; généralement sur sol calcaire. Distribution : presque toute l'Europe ; Asie septentrionale.

3. Ortie dioïque

Urtica dioica
(Urticacées)
Plante couverte de poils urticants, d'1,50 m de haut. Feuilles opposées, pétiolées, oblongues, cordiformes à la base, grossièrement dentées. Inflorescences paniculées aux aisselles des feuilles ; 4 tépales petits et verdâtres.
Floraison : VII-X. Habitat : bords des chemins, décombres, coupes blanches. Distribution : cosmopolite.

4. Petite oseille

Rumex acetosella
(Polygonacées)
Plante de 40 cm de haut. Feuilles oblongues, pétiolées, sagittées à la base, avec 2 oreillettes pointues. Inflorescence en panicule lâche, sans bractées florales ; périanthe petit, verdâtre à 6 pièces ; fleurs unisexuées, les mâles avec 6 étamines, les femelles avec un ovaire à 3 stigmates.
Floraison : V-VII. Habitat : champs pauvres en matières nutritives, prairies maigres, bords des chemins. Distribution : Europe ; Asie occidentale.
Espèces voisines : **Parelle,** *R. crispus* (plante atteignant 1 m de haut). — **Oseille des prés,** *R. acetosa.*

5. Houblon

Humulus lupulus
(Cannabinacées)
Plante grimpante de 6 m de haut. Feuilles pétiolées, opposées, généralement profondément divisées en 3 à 7 lobes, cordiformes à la base. Inflorescences mâles en une panicule multiflore ; inflorescences femelles analogues à des cônes avec des bractées ovales ayant jusqu'à 2 cm de long ; fleurs insignifiantes.
Floraison : VII-IX. Habitat : forêts de bordure, broussailles. Distribution : presque toute l'Europe ; Asie septentrionale, Amérique du Nord.

1|2

3|4

5

1. Faux liseron

Polygonum convolvulus
(Polygonacées)
Plante volubile d'1 m de long. Feuilles pétiolées, sagittées, ayant jusqu'à 8 cm de long. Fleurs en épis pauciflores ; 5 tépales vert clair dont les 3 extérieurs carénés sur le dos. Le fruit est une nucule trigone, noire, enveloppée des pièces florales.
Floraison : VII-IX. Habitat : champs, notamment de céréales, décombres. Distribution : cosmopolite.

2. Épinard sauvage

Chenopodium bonus-henricus
(Chénopodiacées)
Plante peu velue, généralement non ramifiée, de 80 cm de haut. Feuilles pétiolées, hastées, ayant jusqu'à 10 cm de long. Inflorescence terminale dense en panicule spiciforme ; 3 à 5 tépales, petits, verdâtres, au bord denté ; 5 étamines. Fruit à paroi membraneuse, avec 1 graine lenticulaire brillante.
Floraison : V-X. Habitat : bords des chemins, reposées du bétail, décombres. Distribution : presque toute l'Europe.

3. Salicorne d'Europe

Salicornia europaea
(Chénopodiacées)
Plante glabre, généralement ramifiée, de 30 cm de haut. Tige articulée, engainée par les feuilles charnues dépourvues de limbe. Inflorescence en épi charnu ; fleurs minuscules, sessiles, par 3 aux aisselles des feuilles supérieures et formant un triangle.
Floraison : VIII-X. Habitat : côtes maritimes salées et salines de l'intérieur des terres. Distribution : hémisphère Nord.

4. Soude kali

Salsola kali
(Chénopodiacées)
Plante ramifiée écarquillée atteignant 1 m de haut. Feuilles triangulaires étroites à pointe piquante jaune. 5 tépales dressés, avec sur le dos une aile membraneuse, veinée en éventail ; fleurs solitaires aux aisselles des feuilles.
Floraison : VII-IX. Habitat : sols sablonneux salés. Distribution : Europe ; à l'est jusqu'en Asie centrale.

5. Arroche étalée

Atriplex patula
(Chénopodiacées)
Plante d'1 m de haut, souvent comme saupoudrée de farine. Feuilles lancéolées, pétiolées. Inflorescence en panicule ; fleurs mâles petites avec 3 à 5 pétales ; fleurs femelles sans périanthe, enveloppées de 2 bractées rhomboïdales soudées à la base sur une courte distance.
Floraison : VII-X. Habitat : champs, chemins, décombres. Distribution : presque toute l'Europe ; Asie, Amérique du Nord. Espèce voisine : **Arroche hastée,** *A. prostata* (feuilles inférieures triangulaires hastées, bractées des fleurs femelles bordées de dents et avec des appendices sur le dos).

1|2

3

4|5

1. Amarante livide

Amaranthus lividus
(Amarantacées)
Plante glabre, couchée, de 45 cm de long. Feuilles alternes, pétiolées, rhomboïdales, échancrées à la pointe, ayant jusqu'à 5 cm de long. Glomérules de fleurs aux aisselles des feuilles et en panicules terminales ; fleurs à 3 tépales. Fruit à 1 seule graine, ne s'ouvrant pas.
Floraison : VI-X. Habitat : champs, chemins, décombres. Distribution : presque dans le monde entier dans les régions assez chaudes.

2. Herniaire glabre

Hernaria glabra
(Caryophyllacées)
Plante rampante couchée avec des tiges extrêmement ramifiées. Feuilles opposées, avec des stipules parcheminées, ovales, longues de 3-8 mm. Fleurs petites, en glomérules aux aisselles des feuilles ; 5 sépales longs de 0,5 mm, verdâtres ; pas de pétales.
Floraison : VII-IX. Habitat : lieux sablonneux, bords des chemins. Distribution : Europe ; Asie occidentale.

3. Gnavelle annuelle

Scleranthus annuus
(Caryophyllacées)
Plante de 20 cm de haut, ramifiée dans sa partie supérieure. Feuilles opposées, linéaires, ayant jusqu'à 1,5 cm de long. Glomérules floraux à l'extrémité des rameaux ; les 5 sépales libres longs de 3-4,5 mm, étroits et lancéolés avec un bord parcheminé blanc très étroit ; pas de pétales.
Floraison : V-IX. Habitat : champs sablonneux, bords des chemins. Distribution : presque toute l'Europe.

4. Alchémille des montagnes

Alchimilla monticola
(Rosacées)
Plante à poils étalés, 30 cm de haut. Feuilles radicales à long pétiole, limbe arrondi d'un diamètre de 3-10 cm, divisées en 7 à 9 segments dentés presque semi-circulaires ; feuilles caulinaires plus petites, à court pétiole. Fleurs en une panicule lâche à dense, petites, avec 4 sépales étalés verts ; pas de pétales.
Floraison : V-IX. Habitat : prairies et pâturages maigres. Distribution : Europe ; Sibérie.

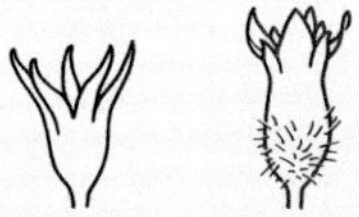

Fleurs

5. Hellébore fétide

Helleborus foetidus
(Renonculacées)
Plante glabre de 50 cm de haut. Tige épaisse, ramifiée. Feuilles palmées, divisées en 3 à 9 segments, celles du bas pétiolées, ayant jusqu'à 30 cm de large, celles du haut plus petites, segments lancéolés et dentés. Fleurs en une panicule, avec 5 tépales verts arrondis inclinés en cloche les uns vers les autres, larges de 1-2 cm. Fruits petits à 3 à 5 graines en follicules longs de 2 cm.
Floraison : III-IV. Habitat : pentes sèches, broussailles. Distribution : Europe méridionale, Europe occidentale et Europe centrale.

1|2

3|4

5

1. Rossolis à feuilles rondes

Herbe à la rosée

Drosera rotundifolia **P**

(Droséracées)

Plante de 30 cm de haut, avec une tige simple. Feuilles réunies toutes en une rosette radicale, à long pétiole, étalées horizontalement, avec un limbe rond large de 5-10 mm, avec, sur le dessus et au bord, des glandes tentaculaires rouges, collantes, longues de 1-5 mm. Tige aphylle, portant une inflorescence racémeuse pauciflore ; les 5 courts sépales concrescents à la base ; pétales libres, longs de 4-6 mm. Fruit en capsule lisse.

Floraison : VI-VIII. Habitat : tourbières, parmi les sphaignes. Distribution : Europe ; Sibérie, Amérique du Nord.

Feuilles

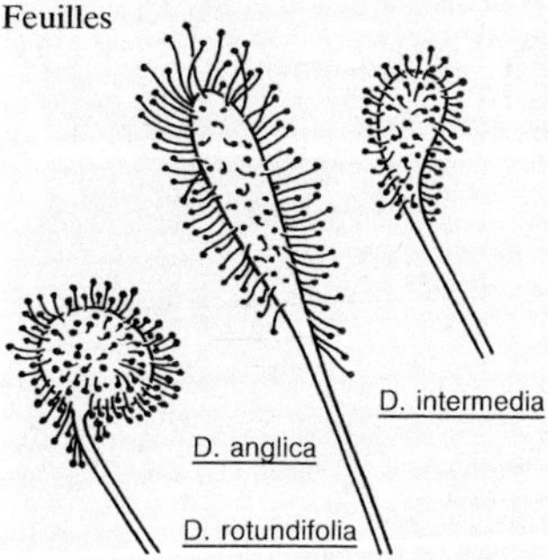

Espèces voisines : **Rossolis d'Angleterre,** *D. anglica* (feuilles dressées avec un limbe spatulé étroit, 5 à 10 fois plus long que large, capsule lisse). — **Rossolis intermédiaire,** *D. intermedia* (feuilles dressées avec un limbe spatulé 2 à 3 fois plus long que large, capsule avec des sillons longitudinaux), aux mêmes endroits.

Intéressant pour la biologie : tous les rossolis poussent dans des tourbières pauvres en substances azotées. Grâce à leurs tentacules collants, ils capturent de petits insectes qui sont digérés et servent à combler leurs besoins en azote. Ce sont ce qu'on appelle des plantes « carnivores ».

2. Mercuriale vivace

Mercurialis perennis

(Euphorbiacées)

Plante de 40 cm de haut, avec une tige simple. Feuilles opposées, tassées à la partie supérieure de la tige, pétiolées, lancéolées, longues de 4-12 cm, à dents obtuses. Fleurs dioïques. Plantes mâles avec des inflorescences spiciformes riches en fleurs ; fleurs petites, vertes, avec un calice tripartite, pas de corolle, avec 8 à 20 étamines. Plantes femelles avec des glomérules floraux pauciflores aux aisselles des feuilles ; fleurs femelles avec un ovaire bipartite. Fruit biloculaire en 2 fractions à une seule graine ; pédoncules des fruits beaucoup plus longs que le fruit.

Floraison : IV-V. Habitat : forêts de hêtres ou d'essences feuillues mixtes ombragées ; généralement sur sol calcaire. Distribution : Europe ; Asie du Sud-Ouest.

Espèce voisine : **Mercuriale annuelle,** *M. annua* (tige ramifiée, feuillée régulièrement sur toute sa longueur, pédicelles des fruits plus courts que le fruit), dans les champs de mauvaises herbes riches en matières nutritives, dans les jardins et les champs cultivés.

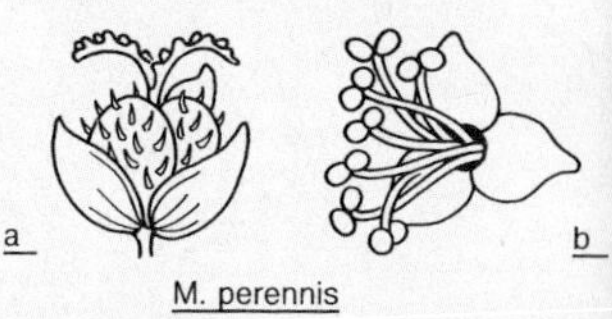

Fleurs femelles (a) et fleurs mâles (b)

1

2

1. Euphorbe réveille-matin

Euphorbia helioscopia +
(Euphorbiacées)
Plante à suc laiteux, généralement ramifiée, de 40 cm de haut. Feuilles opposées, spatulées cunéiformes, finement dentelées à la pointe. Inflorescence générale ombelliforme à 3 à 5 rayons ; inflorescences partielles analogues à des fleurs, en forme de gobelet, avec 4 glandes jaunes ovales au bord de la coupe, entourées chacune de 2 bractées non soudées. Fruit de 2,5-3 mm, tripartite, rond, se séparant en 3 fractions à une seule graine.
Floraison : IV-VI. Habitat : champs de mauvaises herbes, jardins, champs cultivés. Distribution : Europe ; Asie.

2. Euphorbe amandier

Euphorbia amygdaloides +
(Euphorbiacées)
Plante de 70 cm de haut, contenant un suc laiteux, avec des pousses feuillées stériles. Feuilles lancéolées, coriaces, entières. Inflorescence générale ombelliforme à 5 à 9 rayons ; bractées soudées en une feuille arrondie ; inflorescences partielles comme l'euphorbe réveille-matin (→ plus haut).
Floraison : IV-VI. Habitat : forêts de hêtres ; sur sol calcaire. Distribution : Europe ; Asie occidentale.

3. Pesse d'eau

Hippuris vulgaris !
(Hippuridacées)
Plante aquatique aux tiges de 2 m de long. Feuilles verticillées par 4 à 20. Fleurs petites, aux aisselles des feuilles, composées uniquement de 1 étamine insérée sur l'ovaire.
Floraison : V-VIII. Habitat : eaux stagnantes ou coulant lentement. Distribution : cosmopolite.

4. Écuelle d'eau

Hydrocotyle vulgaris !
(Ombellifères)
Plante rampante à tige d'1 m de long. Feuilles rondes en forme de bouclier, larges de 1,5-4 cm, crénelées, à long pétiole aboutissant au centre du limbe. Fleurs peu nombreuses en ombelle analogue à un capitule ; pétales longs de 0,8 mm.
Floraison : VII-VIII. Habitat : marécages, bords des ruisseaux ; sur sol vaseux. Distribution : Europe.

5. Buplèvre à longues feuilles

Bupleurum longifolium
(Ombellifères)
Plante glabre de 80 cm de haut. Feuilles larges lancéolées, ayant jusqu'à 15 cm de long, avec de nombreuses nervures parallèles, celles du bas pétiolées, celles du haut avec de larges oreillettes amplexicaules. Inflorescence en double ombelle ; involucre et involucelles présents, ovales.
Floraison : VI-VIII. Habitat : forêts claires de feuillus ; généralement sur sol calcaire. Distribution : Europe centrale.

1|2

3

4|5

1. Panicaut de mer

Eryngium maritimum **!**
(Ombellifères)
Plante glabre, épineuse, ramifiée et écarquillée, de 50 cm de haut. Fleurs arrondies cordiformes, tripartites, pétiolées, celles du haut amplexicaules, sessiles, presque palmées, toutes à dents épineuses. Fleurs nombreuses, en capitules denses ; bractées involucrales des capitules ovales, à 3 lobes épineux.
Floraison : VI-VIII. Habitat : côtes maritimes sablonneuses. Distribution : littoral marin d'Europe et d'Afrique du Nord. Espèce voisine : **Chardon-roland,** *E. campestre* (feuilles tripartites aux segments doublement pennatifides, bractées involucrales des capitules linéaires lancéolées, à dents épineuses), sur les pelouses sèches et les prairies maigres.

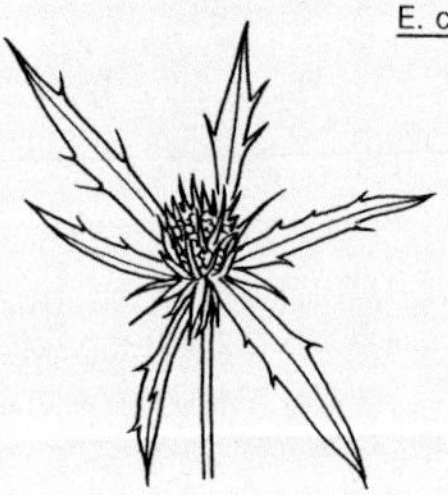

Capitule avec bractées involucrales

2. Cérinthe glabre

Mélinet des Alpes
Cerinthe glabra **P**
(Borraginacées)
Plante glabre de 60 cm de haut, à rosettes de feuilles stériles. Feuilles des rosettes atteignant 30 cm de long, lancéolées, avec un large pétiole ; feuilles caulinaires sessiles amplexicaules. Inflorescences unilatérales, avec de grandes bractées ; calice à 5 dents obtuses ; corolle tubulaire, longue de 10-14 mm, jaune à la partie inférieure, bleutée à la partie supérieure, avec 5 lames obtuses.
Floraison : VI-VIII. Habitat : arbustes hauts. Distribution : Alpes et Préalpes.

3. Jusquiame noire

Herbe aux engelures
Hyoscyamis niger **+ !**
(Solanacées)
Plante couverte de touffes de poils, atteignant 80 cm de haut. Feuilles lancéolées, sinuées et dentées, celles du bas pétiolées, celles du haut sessiles et amplexicaules. Fleurs solitaires aux aisselles des feuilles supérieures ; calice tubulaire à 5 dents piquantes ; corolle en entonnoir à 5 lobes inégaux, longue de 2-3 cm, jaune, veinée de violet. Le fruit est une pyxide.
Floraison : VI-X. Habitat : décombres, bords des chemins. Distribution : Europe ; Asie.

4. Belladone

Atropa belladonna **+**
(Solanacées)
Plante ramifiée écarquillée, d'1,50 m de haut. Feuilles larges lancéolées, pétiolées, ayant jusqu'à 15 cm de long. Calice pentapartite étalé ; corolle en cloche avec un bord arqué court à 5 lobes, longue de 2,5-3,5 cm, violet brunâtre à l'extérieur, vert-jaune avec des veines rouges à l'intérieur. Le fruit est une baie sphérique noir brillant de 1-1,5 cm de largeur.
Floraison : VI-VIII. Habitat : coupes blanches, lisières des forêts. Distribution : Europe, à l'exception du nord ; Asie.

1

2

3|4

1. Scrofulaire des Alpes

Scrofularia auriculata
(Scrofulariacées)
Plante glabre d'1,25 m de haut. Tige simple, quadrangulaire, légèrement ailée sur les arêtes. Feuilles opposées, pétiolées, étroites et cordiformes, dentées, avec souvent à la base 2 segments ovales séparés. Fleurs en inflorescences partielles paniculaires et fourchues aux aisselles des feuilles supérieures ; calice à 5 dents presque rondes, à bord large blanc parcheminé ; corolle renflée, longue de 8-10 mm, avec une lèvre supérieure bipartite et une courte lèvre inférieure tripartite, de couleur brun-rouge. Le fruit est une capsule presque sphérique.
Floraison : VI-VIII. Habitat : bords des ruisseaux, fosses. Distribution : Europe occidentale, à l'est jusqu'au Rhin, zone méditerranéenne.

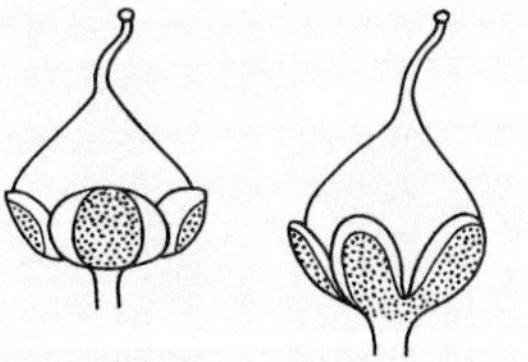

Fruits avec induvies

Espèce voisine : **Scrofulaire noueuse,** *S. nodosa* (tige quadrangulaire non ailée, feuilles n'ayant pas à la base de segments libres, dents du calice ovales, à bord très étroit, capsule conique), dans les forêts de feuillus.

2. Orobanche sanglante

Orobanche gracilis
(Orobanchacées)
Plante jaune rougeâtre, sans chlorophylle, de 60 cm de haut, avec une tige simple. Feuilles scarieuses, petites. Fleurs en un épi dense aux aisselles de bractées pointues mesurant les 2/3 de la longueur des fleurs ; calice composé de 2 parties libres à 2 pointes ; corolle cylindrique, légèrement arquée, longue de 15-25 mm, légèrement bilabiée, jaune extérieurement, lavée de pourpre vers le bord, rouge bleuté intérieurement.
Floraison : V-VIII. Habitat : prairies sèches. Distribution : Europe méridionale jusqu'au sud de l'Allemagne.
Intéressant pour la biologie : toutes les orobanches sont des plantes typiquement parasites qui tirent de leurs hôtes aussi bien l'eau et des sels minéraux que des matières organiques.

3. Clandestine écailleuse

Lathraea squamaria
(Orobanchacées)
Plante rougeâtre, sans chlorophylle, de 20 cm de haut, avec une tige simple. Feuilles scarieuses, rose pâle. Fleurs en une dense grappe unilatérale, inclinée au sommet ; calice long de 9-12 mm avec des dents longues de 3-5 mm, couvert de poils glanduleux ; corolle à tube court avec une lèvre supérieure bilobée et une lèvre inférieure tripartite, violet clair.
Floraison : IV-V. Habitat : forêts de feuillus humides. Distribution : Europe ; Asie.
Intéressant pour la biologie : la clandestine est une plante parasite des arbres feuillus ; elle pompe la sève des arbres qui monte au printemps des racines et obtient ainsi l'eau, les sels minéraux et les matières organiques, par ex. le sucre, dont elle a besoin.

1|2

3

1. Croisette

Cruciata laevipes
(Rubiacées)
Plante à poils étalés de 50 cm de haut. Tige grêle. Feuilles verticillées par 4, larges et lancéolées, à 3 nervures. Inflorescences partielles aux aisselles des feuilles supérieures, composées de 3 à 7 fleurs, avec de petites bractées ; pas de calice ; corolle quadripartite, étalée, large de 1,5-2,5 mm, jaune clair. Fruit oblongs, hauts de 1,5-2,5 mm, ridés.
Floraison : IV-VI. Habitat : prairies, lisières des forêts, bords des chemins. Distribution : Europe, à l'exception du nord ; Asie.

2. Plantain moyen

Plantago media
(Plantaginacées)
Plante de 20 cm de haut. Feuilles en rosette radicale aplatie sur le sol, elliptiques, avec de courts poils sur les deux faces, légèrement dentées, se rétrécissant en un large pétiole très court. Tige aphylle, montante et arquée, avec l'épais épi cylindrique de fleurs à l'extrémité. 4 sépales libres presque jusqu'à la base ; corolle longue de 4 mm, tubulaire avec 4 lames pointues. Le fruit est une pyxide à 3 à 8 graines.
Floraison : V-IX. Habitat : prairies sèches. Distribution : Europe ; Asie septentrionale.

3. Grand plantain

Plantago major
(Plantaginacées)
Plante légèrement velue de 30 cm de haut. Feuilles en rosette radicale, montant en biais, larges et ovales, arrondies ou cordiformes à la base, se rétrécissant brusquement en un pétiole nettement écarté, à 5-9 nervures. Épi de fleurs dense, cylindrique, ayant jusqu'à 10 cm de long et même 20 cm à l'époque de la fructification ; 4 sépales libres ; corolle tubulaire à 4 lames, jaunâtre. Le fruit est une pyxide contenant généralement 8 graines et ayant jusqu'à 4 mm de long.
Floraison : VI-X. Habitat : chemins piétinés, prairies humides, reposées du bétail. Distribution : devenue cosmopolite.

4. Plantain lancéolé

Oreille de lièvre
Plantago lanceolata
(Plantaginacées)
Plante glabre ou légèrement velue, de 40 cm de haut. Feuilles en rosette radicale, lancéolées, allant en se rétrécissant jusqu'à la base, dressées, avec de robustes nervures longitudinales. Fleurs petites en épi longuement pédonculé, tout d'abord conique, puis cylindrique ; calice et corolle quadripartites. Le fruit est une pyxide à 2 graines.
Floraison : IV-IX. Habitat : prairies grasses, pâturages, bords des chemins. Distribution : Europe ; introduit dans le monde entier.

1|2

3

4

1. Adoxe musquée

Herbe musquée
Adoxa moschatellina
(Caprifoliacées ou Adoxacées)
Plante grêle à tige simple, de 15 cm de haut. Feuilles 2 fois tripartites, les radicales à long pétiole, celles de la tige au nombre de 2 et à court pétiole. Fleurs par 5 en un capitule verdâtre, large de 5 mm ; fleur terminale avec une corolle à 4 pétales ; fleurs latérales à 5 pétales.
Floraison : III-V. Habitat : forêts de bordure, broussailles. Distribution : Europe ; Asie, Amérique du Nord.

2. Cardère poilue

Verge à pasteur
Dipsacus pilosus
(Dipsacacées)
Plante ramifiée, munie d'aiguillons raides, de 1,50 m de haut. Feuilles ovales, dentées, les radicales à long pétiole, les caulinaires à court pétiole. Fleurs en capitules sphériques ; bractées lancéolées, ciliées de poils raides ; corolle à 4 lames, avec un tube long de 5-7 mm.
Floraison : VII-VIII. Habitat : bords des chemins, décombres. Distribution : Europe ; Asie occidentale.

3. Camomille sauvage

Chamomilla suaveolens
(Composées tubuliflores)
Plante ramifiée, glabre, d'odeur aromatique, atteignant 40 cm de haut. Feuille 2-3 fois pennatilobées. Capitules de fleurs larges de 5-10 mm, avec bractées involucrales glabres ; pas de ligules ; fleurons verdâtres, à 4 dents au sommet.
Floraison : VI-VIII. Habitat : bords des chemins, décombres. Distribution : monde entier.

4. Cotonnière commune

Filago vulgaris
(Composées tubuliflores)
Plante à poils feutrés de 35 cm de haut. Tige dressée, ramifiée dans le tiers supérieur. Feuilles étroites lancéolées, au bord ondulé, ayant jusqu'à 2,5 cm de long. Capitules de fleurs petits, groupés par 20 à 40 en glomérules sphériques ; pas de ligules ; environ 25 fleurons femelles filiformes et 2 à 3 fleurons bisexués dans chaque capitule.
Floraison : VII-IX. Habitat : étendues d'herbes sèches, bords des chemins. Distribution : Europe méridionale à Europe centrale.

5. Gnaphale de Norvège

Gnaphalium norvegicum
(Composées tubuliflores)
Plante à poils feutrés, non ramifiée, de 40 cm de haut. Feuilles étroites lancéolées, à 3 nervures. Capitules de fleurs petits, groupés à plusieurs aux aisselles des feuilles et formant une grappe lâche ; involucre oblong au large bord brun foncé.
Floraison : VII-IX. Habitat : forêts claires, pentes herbeuses. Distribution : Europe septentrionale et Europe centrale, chez nous dans les Alpes et à moyenne altitude ; Sibérie.

1|2

3

4|5

1. Armoise commune

Artemisia vulgaris

(Composées tubuliflores)

Plante ramifiée d'1,30 m de haut. Fleurs nettement bicolores, vertes sur le dessus, blanches à gris velouté sur le dessous, 1 à 2 fois pennatilobées, avec des segments lancéolés dentés, celles du bas pétiolées, celles du haut sessiles. Capitules de fleurs groupés en grand nombre en une panicule large de 2-3 mm, avec peu de petits fleurons.

Floraison : VII-IX. Habitat : bords des cours d'eau, bords des chemins, décombres. Distribution : introduite presque dans le monde entier.

2. Séneçon commun

Senecio vulgaris

(Composées tubuliflores)

Plante peu velue de 40 cm de haut, avec une tige ramifiée. Feuilles lancéolées, pennatilobées, glabres ou avec des poils arachnéens sur les nervures de la face inférieure, celles du bas pétiolées, celles du haut sessiles. Capitules de fleurs nombreux en panicules ombelliformes ; involucre cylindrique, long de 6-8 mm et épais de 4 mm, avec 1 seule rangée de bractées, entourés à la base de 2 petites paillettes longues de 1-2 mm ; pas de ligules ; fleurons jaunes. Fruits avec une aigrette velue blanche, longue de 5 mm.

Floraison : III-X. Habitat : champs, jardins, décombres. Distribution : cosmopolite.

Espèces voisines : **Séneçon des bois,** *S. sylvaticus* (plante à poils arachnéens épars, capitules bordés d'environ 15 fleurs ligulées avec d'étroites ligules enroulées qui ne dépassent que peu de l'involucre), sur les coupes blanches, au bord des chemins. — **Séneçon visqueux,** *S. viscosus* (toute la plante couverte de poils glanduleux collants, sinon comme le séneçon des bois), aux mêmes endroits.

3. Pétasite hybride

Chapeau du diable

Petasites hybridus

(Composées tubuliflores)

Plante à poils gris velouté de 40 cm de haut à la floraison et jusqu'à 1 m de haut à la fructification. Feuilles radicales pétiolées, très grandes, ayant jusqu'à 60 cm de large, cordiformes, à profonde échancrure à la base, sinuées de dents plates (→ dessin p. 84/2). Sur la tige, uniquement des feuilles écailleuses lancéolées. Capitules de fleurs groupés en une grappe dense, dioïques, ceux des plantes femelles avec un involucre large de 5 mm, ceux des plantes mâles avec un involucre large de 1 cm ; fleurs toutes tubuleuses, avec une corolle rougeâtre. Fruits avec une aigrette blanche velue, ayant jusqu'à 1 cm de long.

Floraison : III-V. Habitat : bords des ruisseaux et des rivières, aulnaies, décombres humides. Distribution : presque toute l'Europe ; Asie septentrionale et Asie occidentale.

1|2

3

1. Cirse maraîcher

Cirsium oleraceum

(Composées tubuliflores)

Plante ramifiée d'1,50 m de haut. Feuilles molles, à peine piquantes, ovales, non divisées ou profondément pennatilobées, avec des segments lancéolés dentés, glabres ou à très courts poils, celles du bas pétiolées, celles du haut avec une base cordiforme embrassant la tige. Capitules de fleurs tassés à l'extrémité de la tige, enveloppés de feuilles ; involucre long de 1,5-2 cm, brunâtre ; fleurs toutes tubuleuses avec une corolle longue de 1,5-2 cm, jaune clair. Fruits avec une aigrette composée de soies raides velues et plumeuses.

Floraison : VI-VIII. Habitat : prairies humides, tourbières, rives, forêts de bordure. Distribution : Europe ; Sibérie.

2. Carline commune

Chardon doré

Carlina vulgaris

(Composées tubuliflores)

Plante velue, ramifiée, de 30 cm de haut. Feuilles radicales longues de 6-8 cm, lancéolées, dentées comme celles du chardon ; feuilles caulinaires supérieures sessiles, avec des poils feutrés épars sur le dessous, vert-gris, au bord denté d'aiguillons durs. Capitules de fleurs groupés à plusieurs, pédonculés, les feuilles les plus hautes qui les entourent ne dépassant pas l'involucre, larges de 3-5 cm ; bractées intérieures de l'involucre étroites, arquées vers l'extérieur et étalées en étoile, jaunâtres sur la face intérieure ; fleurs toutes tubuleuses, nombreuses, jaunâtres. Fruits avec une aigrette longue de 7-8 mm, composée de 10 à 12 soies velues plumeuses.

Floraison : VII-VIII. Habitat : prairies sèches, forêts claires. Distribution : Europe.

Espèces voisines : **Carline intermédiaire,** *C. intermedia* (feuilles caulinaires supérieures densément couvertes de poils feutrés

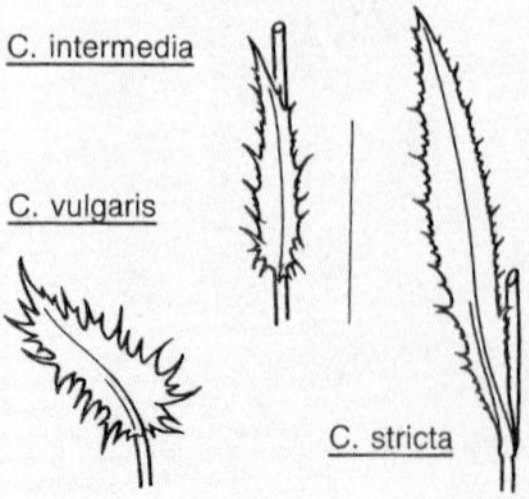

Feuilles caulinaires

blancs sur le dessous, avec seulement des aiguillons au bord dans la partie inférieure), Préalpes. — **Carline dressée,** *C. stricta* (tige à 1 seul capitule, feuilles radicales longues de 10-20 cm, feuilles caulinaires supérieures étroites et lancéolées, au bord garni d'aiguillons mous, les plus hautes dépassant le capitule), Préalpes.

3. Edelweiss

Leontopodium alpinum **P**

(Composées tubuliflores)

Plante vivace, laineuse blanche. Feuilles lancéolées, entières, alternes, serrées. Involucre comprenant des petites pièces lancéolées, cotonneuses. Fleurs jaunâtres ou paille.

Floraison : VI-IX. Habitat : rocailles, prairies sèches. Distribution : Jura, rare dans Alpes et Pyrénées entre 800 et 3 000 m.

Espèce voisine : **Immortelle,** *H. stoechas* (feuilles blanc-grisâtre, entières, étroites, enroulées sur les bords. Petits capitules jaune d'or, en petites panicules denses. Bractées argentées), sur les rochers et coteaux secs du Midi méditerranéen, abondante sur le littoral atlantique.

1|2

3

Éléments de botanique

Avec près de 250 000 espèces connues, les plantes à fleurs constituent le groupe le plus important du règne végétal. Leurs caractères principaux sont les suivants : division de la plante en racine, pousses et feuilles, présence de fleurs et formation de graines. L'extrême multiplicité des formes de fleurs s'explique par des développements dus au fait que les plantes se sont adaptées à la pollinisation par le vent, et surtout par les insectes. Au cours de leurs 100 millions d'années d'histoire, la plupart des plantes à fleurs ont évolué en étroite relation avec les insectes ; c'est certainement pour cette raison que ces deux groupes comptent actuellement parmi les plus riches en espèces et en formes des règnes végétal et animal. Bien que les plantes à fleurs se présentent sous une profusion déconcertante de formes, elles sont cependant toutes bâties sur le même modèle, avec la racine, la tige et la feuille comme organes fondamentaux.

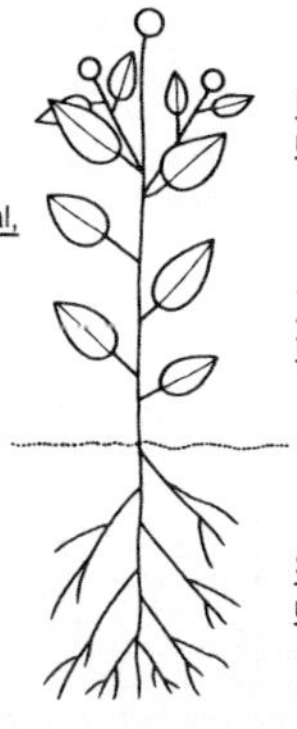

Représentation schématique d'une plante à fleurs

La racine

Les racines fixent la plante au sol et y puisent l'eau et les sels nutritifs. Elles s'enfoncent profondément et sont dépourvues de feuilles. C'est en cela qu'elles se différencient des tiges souterraines décolorées qui portent des feuilles décolorées réduites à des écailles. La racine principale pénètre en général verticalement dans le sol et émet des racines secondaires qui peuvent se ramifier en radicelles. L'ensemble constitue ce qu'on appelle le système radiculaire. Moyennement épaissie, la racine principale est dite pivotante : très épaisse et charnue, on parle de racine tubéreuse.

La pousse ou tige

Division de la tige : la tige est une succession de nœuds et d'entre-nœuds. Aux nœuds souvent renflés s'insèrent les feuilles. Il est rare que la tige principale ne se ramifie pas ; elle émet le plus souvent des tiges adventives qui se forment toujours à partir de bourgeons situés à l'aisselle des feuilles. Ces tiges adventives peuvent, elles aussi, se ramifier en formant ce qu'on appelle un système caulinaire.
La tige peut être herbacée et mourir en automne ; elle peut aussi persister des années en s'épaississant et en se lignifiant : on lui donne alors le nom de tronc.
Les tiges s'accroissent constamment par la pointe en produisant de nouvelles feuilles, aux bourgeons axillaires desquels prennent naissance de nouvelles tiges adventives. Tout comme les feuilles, la tige peut être glabre ou bien velue, c'est-à-dire couverte de poils d'aspects les plus divers. Selon leur consistance, on distingue : les poils sétacés (soies) : simples, raides, souvent piquants ; les poils feutrés : mous, enchevêtrés ; les poils duveteux : fins et épars ; les poils hirsutes : durs, longs, étalés ; les poils soyeux : densément apprimés, mous, brillants ; les poils laineux : mous, arqués, souvent longs ; les poils ciliaires : multicellulaires, disposés comme les cils des yeux ; les poils

glanduleux : terminés par de petites glandes.

Modifications de la tige : les tiges peuvent subir des transformations. Les stolons poussent horizontalement au-dessus ou dans le sol et forment des racines ; de nouvelles plantes peuvent naître à leurs extrémités. Les épines sont de courtes pousses à la pointe acérée. Dans les tiges volubiles, une partie de la pousse principale se modifie en vrilles à l'aide desquelles la plante peut grimper. Les bulbes ou oignons sont des tiges souterraines arrondies dont les feuilles sont charnues et emmagasinent eau et matières nutritives. Les rhizomes sont des tiges souterraines allongées, couvertes de feuilles écailleuses blanchâtres qui emmagasinent des aliments. Les tubercules sont les extrémités de stolons gonflées par les substances alimentaires.

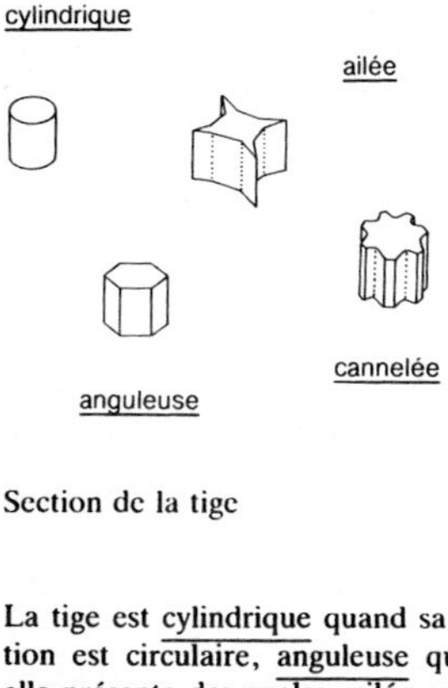

Section de la tige

La tige est cylindrique quand sa section est circulaire, anguleuse quand elle présente des angles, ailée quand ses arêtes sont munies d'expansions qui rappellent des ailes.

Durée de vie des plantes : on distingue les plantes annuelles, les plantes bisannuelles et les plantes vivaces. Chez les plantes annuelles, la germination, la croissance, la floraison et la maturation des graines s'effectuent en une année ; les plantes bisannuelles poussent la première année sans fleurir, et ne donnent des fleurs que l'année suivante. Toutes sont des plantes herbacées qui ne fleurissent qu'une seule fois, produisent des graines et meurent. Les plantes vivaces, au contraire, fleurissent pendant des années de suite. Elles comprennent les arbustes dont les parties aériennes herbacées meurent après la maturation des graines, les sous-arbrisseaux dont les parties inférieures lignifiées persistent et émettent de nouvelles pousses au printemps et les plantes ligneuses dont les tiges sont lignifiées et restent intactes (arbres et arbrisseaux).

La feuille

En règle générale, les feuilles sont des organes verts de forme aplatie qui, à l'aide de la chlorophylle qu'elles contiennent, peuvent fabriquer à partir de l'anhydride carbonique de l'air et d'eau, et cela grâce à l'énergie solaire, du sucre et de l'amidon, substances dont toute plante a besoin pour sa croissance.

Dispositions des feuilles : les feuilles sont des expansions latérales de la tige qui naissent aux nœuds. S'il n'y a qu'une seule feuille à chaque nœud et que chacune d'elles ne se trouve pas exactement au-dessus de celle qui la précède sur la tige, les feuilles sont dites alternes. Si deux feuilles s'insèrent à chaque nœud, on les dit opposées, les feuilles étant chaque fois décalées de 90° d'un nœud à l'autre. Si trois feuilles ou plus poussent à chaque nœud, elles sont verticillées.

Structure de la feuille : une feuille complète se compose du limbe vert, du pétiole et de la base. Le pétiole manque parfois, on dit alors la feuille sessile ; sinon elle est pétiolée. La base foliaire est loin d'être toujours visible ; elle forme quelquefois la gaine qui entoure la tige ou bien des stipules. Les feuilles sessiles peuvent s'insérer sur la tige avec une base rétrécie ; elles sont embrassantes ou amplexicaules quand la base des limbes entoure totalement ou presque la tige, auriculées lorsqu'il existe à leur base des expansions latérales pointues ou obtuses, et perfoliées quand la base du limbe est telle que la tige semble la traverser. On appelle feuilles décurrentes celles dont le limbe se prolonge sur une certaine distance de la tige et lui est soudé.

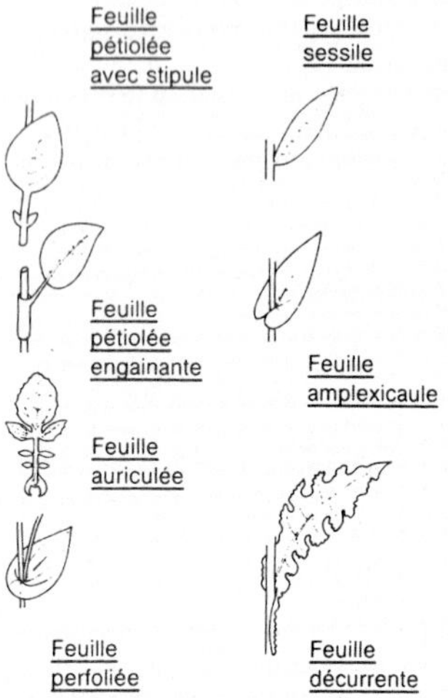

Structure de la feuille

Formes des feuilles : le limbe ou feuilles proprement dites peut prendre les formes les plus diverses, ce qui est souvent un caractère important d'identification. Il y a des feuilles simples dont le limbe n'est pas divisé et des feuilles composées. D'après la disposition des nervures, on distingue les feuilles parallélinervées dont les nervures, droites ou arquées, sont parallèles sans nervure médiane prononcée, et les feuilles penninervées quand une nervure médiane marquée émet des nervures latérales disposées comme les barbes d'une plume. Selon sa forme générale, une feuille peut être linéaire, lancéolée, elliptique, ovale, hastée, réniforme, cordiforme, rhomboïdale, spatulée ou sagittée (→ p. 256).

Le contour ou bord du limbe peut aussi prendre les aspects les plus divers : il peut être entier, crénelé, scié, denté, sinué, pennilobé ou palmilobé (→ p. 256).

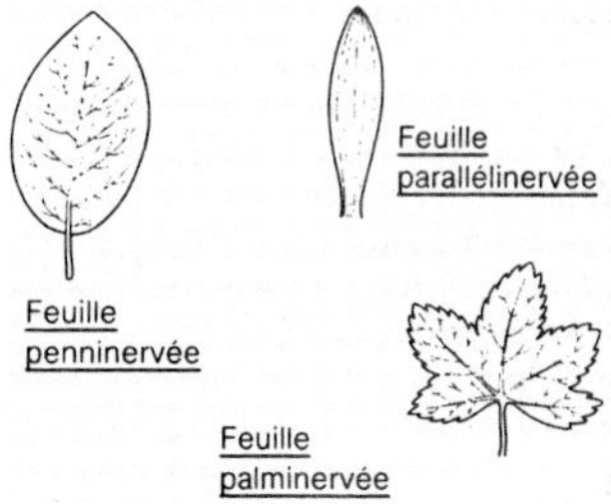

Formes des feuilles

Tout aussi nombreuses sont les formes des feuilles composées. Leur surface est constituée de plusieurs folioles séparées les unes des autres ; si ces folioles sont portées par paires le long du rachis, qui correspond à la nervure médiane d'une feuille simple, la feuille est dite pennée, imparipennée quand elle se termine par une foliole unique, paripennée sans foliole impaire. Dans la feuille digitée, les folioles sont disposées au sommet du pétiole comme les doigts de la main (→ p. 256).

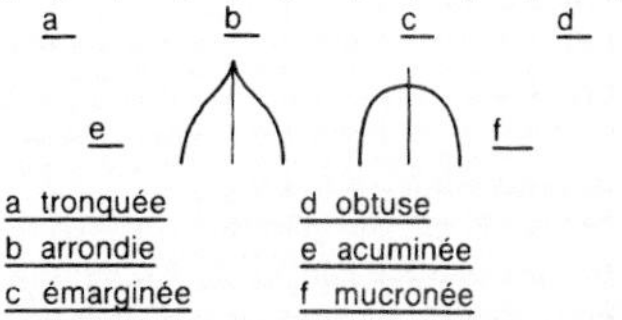

Terminaisons de la pointe du limbe

Modifications de la feuille : comme la racine et la tige, la feuille est sujette à des transformations. Dans les feuilles épineuses, le limbe n'est pas développé et la nervure médiane se termine en pointe épineuse. Les écailles sont des feuilles aplaties, souvent décolorées, que l'on trouve à la partie inférieure de la tige ou sur les rhizomes. Les bractées sont des appendices foliacés situés au voisinage de l'inflorescence. Les vrilles sont des feuilles ou folioles modifiées qui sont tordues en spirale.

Les inflorescences

Les segments florifères de la tige sont désignés sous le nom d'inflorescences. Il est rare qu'une tige ne porte à son extrémité qu'une seule fleur ; le plus souvent, il y en a plusieurs, voire un grand nombre, dont la disposition est très variable (→ 3e page de couverture) : l'épi est composé de fleurs insérées sans pédicelle sur l'axe de l'inflorescence ; il peut être court et dense ou long et lâche. La grappe est composée de fleurs pédonculées, insérées, de leur pédicelle non ramifié, sur l'axe de l'inflorescence aux aisselles de bractées ; si ces bractées manquent, la grappe est dite nue. La panicule est une grappe composée : les axes latéraux partant de l'axe principal portent un grand nombre de fleurs et se ramifient souvent à leur tour plusieurs fois. L'ombelle se compose de fleurs dont les pédoncules sont tous à peu près d'égale longueur et rayonnent d'un même point ; un involucre de bractées entoure souvent la base des pédoncules floraux (rayons de l'ombelle). On rencontre fréquemment aussi des ombelles composées. Dans le capitule, l'axe principal porte à son sommet de nombreuses fleurs très serrées, sessiles ou à court pédoncule. On parle de capitule convexe quand les fleurs, généralement nombreuses, s'insèrent à l'extrémité élargie de la tige (réceptacle du capitule) et sont entourées d'un involucre de bractées. On donne parfois aussi au capitule le nom de calathide.

Toutes ces inflorescences sont traversées par un axe principal et sont pour cette raison dites racémeuses (en grappe), ou inflorescences indéfinies. Celles qui ont des axes ramifiés se terminant par une fleur qui limite leur croissance sont des inflorescences définies ou cymes.

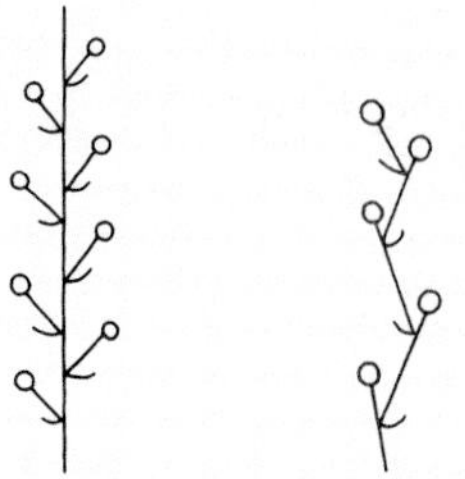

Inflorescence indéfinie

Inflorescence définie

Il existe en outre d'innombrables formes de transition, comme par exemple le corymbe.

La fleur

Morphologie de la fleur (→ aussi p. 1) : la fleur est un rameau spécialisé qui porte les organes reproducteurs ; ses éléments sont des feuilles modifiées. Le périanthe se compose soit de tépales, soit de pétales et de sépales (corolle et calice). Les organes mâles (androcée) sont les étamines ; les organes femelles (gynécée) sont les carpelles dont l'ensemble forme ce qu'on appelle le pistil.

Périanthe (→ aussi p. 1) : les organes floraux sont généralement disposés en plusieurs enveloppes, habituellement juxtaposées, plus rarement superposées. La façon dont s'organisent ces verticilles se voit clairement sur la vue en plan de la fleur, ce qu'on appelle le diagramme de la fleur. Les pièces florales, pétales et sépales, constituent les enveloppes extérieures ou les plus basses du cercle ; si elles sont de mêmes formes, on les appelle tépales et on donne alors à l'enveloppe unique le nom de périgone. Le plus souvent cependant, les pièces florales se divisent en une enveloppe extérieure, généralement verte, le calice, et une enveloppe intérieure, généralement colorée, la corolle, sépales et pétales pouvant être séparés (dialysépales, dialypétales) ou concrescents (gamosépales, gamopétales). La partie soudée du calice est le tube, la partie libre les dents. Le calice est parfois entouré d'un autre calice, le calicule, résultant de la réunion de bractées situées à la base du calice.

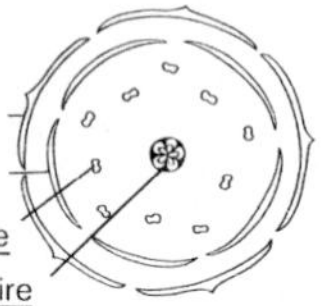

Diagramme floral (vue en plan)

Les pétales, dont l'ensemble constitue la corolle, forment l'enveloppe suivante du périanthe. Leur coloration, le suc sucré sécrété par les glandes, nectaires, de leur base et l'odeur des fleurs attirent les insectes. Il y a parfois à la base des pétales un prolongement tubuleux qui contient le nectar, un éperon. Tout comme les sépales, les pétales peuvent être libres ou soudés. Chez les plantes anémophiles, c'est-à-dire pollinisées par le vent, la corolle peut être atrophiée ou faire totalement défaut. On parle alors d'un périanthe simple.

Organes reproducteurs (→ aussi p. 1) : plus à l'intérieur, à la suite du périanthe, on trouve un ou plusieurs verticilles d'étamines, composées d'un filet généralement grêle et des anthères, espèces de sachets qui renferment la poussière fécondante appelée pollen. Le point central de la fleur est le pistil (gynécée), qui est formé d'au moins un carpelle, mais souvent de plusieurs, séparés ou concrescents. Le pistil se compose de l'ovaire, du style et du ou des stigmates. L'ovaire est dit supère quand il est situé au-dessus du périanthe, infère lorsqu'il est en dessous ; il peut aussi être semi-infère.

Rapports de symétrie : Les fleurs qui possèdent plus de deux plans de symétrie sont dites régulières ou actinomorphes ; celles qui n'ont qu'un seul plan de symétrie sont irrégulières ou zygomorphes ; leur périanthe se divise alors souvent en une lèvre supérieure et une lèvre inférieure. Les fleurs dans lesquelles l'un des sexes fait défaut, c'est-à-dire qui ne possèdent que des étamines et que des carpelles, sont appelées unisexuées ou diclines.

Le fruit

Le fruit naît de l'ovaire après fécondation ; il protège les graines jusqu'à leur maturation et est souvent muni de dispositifs spéciaux pour les disperser. Sa structure dépend, entre autres, du nombre des carpelles et de leur disposition. C'est pourquoi il existe une grande diversité de fruits (→ 2e page de couverture).

Fruits déhiscents : les fruits qui s'ouvrent pour laisser échapper leurs graines sont dits déhiscents. Le follicule, qui s'ouvre par suture ventrale, et la gousse, qui s'ouvre par suture ventrale et dorsale, sont formés d'un seul carpelle. La capsule, à une ou plusieurs loges, qui s'ouvre par des fentes, des dents, des pores ou un couvercle, est composée de plusieurs carpelles. La silique est une forme de capsule ; elle se compose de deux carpelles dont les bords soudés portent les graines. Entre ces bords s'étend une cloison longitudinale. Quand le péricarpe du fruit se détache des bords en deux valves, elle s'ouvre. La silique prend le nom de silicule quand sa longueur n'excède pas trois fois sa largeur.

Fruits indéhiscents : les fruits qui ne s'ouvrent pas et qui se dispersent donc en même temps que leurs graines s'appellent des fruits indéhiscents. La nucule ne comporte généralement qu'une seule graine à péricarpe dur.

Une sorte de nucule est l'akène qui provient d'un ovaire infère. Dans la drupe, le péricarpe est charnu extérieurement, durci intérieurement. Dans la baie, le péricarpe est entièrement charnu. Les polyakènes ou fruits schistocarpes se séparent à maturité en plusieurs fractions. Les fruits composés proviennent d'un pistil (gynécée) dont les nombreux carpelles ne sont pas concrescents ; chaque carpelle fournit un logement pour les graines (fruit élémentaire). Ces fruits élémentaires peuvent être des akènes, de petits follicules ou de petites baies. Les fruits indéhiscents sont parfois pourvus de dispositifs qui facilitent la dispersion de leurs graines, par exemple des ailes, ou bien d'appendices velus ou plumeux comme l'aigrette, due à la persistance du calice modifié des composées. L'aigrette est parfois aussi appelée pappus.

Index des espèces

Noms latins

Noms français

Origine des photographies

Angerer/Schimmitat : page 133/1. — Bechtel : page 23/1. — Bellmann : pages 21/3, 23/4, 27/3, 53/1, 55/5, 57/1, 59/4, 115/2, 157/4, 159/4, 171/1, 181/2, 185/3, 189/1, 199/2, 201/2, 205/2, 229/5. — Bolze : page 169/1. — Bormann : page 97/1. — Buff : page 171/4. — Dr. de Cuveland : pages 193/4, 205/3. — Danesch : pages 11/1, 41/4, 79/4, 99/4, 101/3, 4, 103/1, 115/3, 127/1,137/2, 147/1, 171/3, 237/5. — Daudt : pages 13/2, 139/2, 219/2, 221/2, 237/1. — Diedfisch : pages 35/2, 51/4, 107/5, 119/1, 125/1, 139/4, 195/1. — Egner : page 87/2. — Eichinger : pages 147/4, 203/1. — Eigster : page 67/1. — Eisenbeiss : pages 67/4, 77/1, 101/1, 2, 125/2. — Georgii : page 231/4. — Glader : page 65/4. — Photo-Center Greiner & Meyer : pages 99/3, 113/2, 173/1, 185/1, 219/1, 239/1. — Harms : pages 21/2, 39/2, 69/1, 89/3, 107/4, 135/4, 201/1, 3, 217/2, 235/2. — Höhme : page 241/3. — Knapp : page 117/4. — Dr. R. König : pages 45/3, 51/1, 55/1, 79/5, 131/2, 3, 135/2, 175/1, 179/1, 189/4, 231/1. — Kohlhaupt : pages 19/1, 2, 39/1, 55/3, 181/1, 199/1. — Krebs : pages 51/5, 87/3, 97/4, 111/3, 123/1, 4, 159/2. — Layer : page 11/3. — P. Lippert : page 209/3. — W. Lippert : pages 109/1, 193/3, 195/3, 223/2. — Lippoldmüller : pages 93/4, 211/3 — Marktanner : pages 31/3, 103/2, 111/2. — Moosrainer : page 145/1. — Münker : 123/2, 151/1, 155/1. — Neumaier : pages 49/1, 79/1, 95/3, 99/2, 233/2. — Nief, Jacana : 131/1. — Pforr : pages 31/5, 61/2, 71/2, 193/1, 201/4, 235/1. — Pott : pages 29/3, 41/1, 71/3, 73/1, 77/3, 99/5, 117/3, 135/3, 139/1, 165/3, 175/5, 203/4, 241/2. — Reinhar : pages 2, 3, 9/1, 15/2, 23/1, 27/2, 4, 35/1, 37/1, 39/3, 69/2, 73/2, 83/1, 91/2, 95/1, 2, 103/3, 105/1, 115/1, 117/1, 133/2, 149/2, 153/1, 2, 161/1, 3, 167/1, 177/1, 179/3, 183/1, 2, 197/1, 209/5, 215/1, 2, 225/5, 227/1, 2, 233/3, 239/3. — Reisigl : pages 111/1, 133/3. — Reuter : pages 9/2, 15/3, 67/3, 85/2, 107/1, 161/2, 191/3, 195/2, 221/3. — Rosmarion : pages 9/3, 31/1, 33/5, 53/3, 65/3, 67/2, 77/2, 91/1, 119/4, 141/3, 149/3, 151/3, 155/3, 173/2, 187/1, 2, 191/1, 203/3, verso et recto couverture. — Ruckstuhl : pages 15/6, 121/4, 135/1, 143/2, 169/2, 235/3, 4. — Sammer : pages 33/1, 43/3, 45/1, 81/2, 205/1. — Scherz : pages 149/3, 203/3. — Schimmitat : pages 13/1, 15/1, 15/4, 17/2, 18/3, 19/3, 21/1, 23/2, 21/4, 25/2, 27/1, 33/4, 43/1, 2, 4, 45/2, 4, 47/1, 2, 3, 4, 5, 49/2, 3, 51/2, 55/2, 4, 57/2, 59/1, 2, 3, 5, 6, 61/1, 63/1, 3, 65/2, 71/1, 75/1, 4, 79/2, 83/4, 5, 89/1, 4, 97/3, 99/1, 107/3, 113/1, 3, 117/2, 119/2, 121/1, 2, 3, 127,2, 129/3, 133/4, 137/1, 141/1, 149/1, 151/2, 4, 5, 157/1, 2, 159/1, 165/1, 2, 5, 171/2, 175/2, 177/2, 3, 185/2, 187/3, 4, 189/2, 3, 5, 193/2, 205/4, 207/1, 2, 209/2, 4, 211/1, 2, 4, 213/1, 2, 3, 217/3, 219/3, 221/1, 223/3, 4, 5, 225/1, 2, 3, 229/2, 4, 231/2, 3, 237/4. — Schmelzenbach : pages 29/1, 33/3, 89/2, 109/2, 127/3, 129/1, 2, 131/4, 139/5, 141/5, 149/2, 157/3, 183/3, 221/5. — Schremmer : pages 75/3, 233/1. — Schrempp : pages 11/2, 4, 17/1, 3, 25/4, 31/2, 41/2, 53/2, 61/3, 65/1, 69/3, 83/2, 93/1, 3, 125/3, 135/5, 141/2, 143/1, 163/1, 2, 167/2, 177/4, 179/2, 181/3, 189/6, 195/4, 217/1, 237/2, 241/1. — Seidl : page 117/4. — Siedel : pages 31/4, 107/2, 117/5, 137/3, 207/2. — Singer : pages 23/1, 3, 79/3, 123/3, 169/3, 221/4, 223/1, 225/4, 239/2. — Tönges : pages 63/4, 175/4. — Vetter : pages 159/3, 197/2, 3. — Wothe : pages 13/3, 15/5, 25/1, 29/2, 33/2, 35/3, 37/2, 41/3, 51/3, 61, 63/2, 4, 75/2, 81/3, 85/1, 87/1, 4, 89/5, 93/2, 97/2, 109/3, 4, 113/1, 119/3, 139/3, 141/4, 145/3, 147/2, 3, 155/2, 157/5, 165/4,175/3, 181/4, 191/2, 195/5, 209/1, 213/4, 229/1, 3, 237/3, 11e photo du recto de couverture — Zettl : pages 81/1, 83/3, 105/2.

ISBN : 978-2-09-278988-9 N° éditeur : 10260696
Imprimé en France - Dépôt légal : avril 2020
Achevé d'imprimer par Clerc 18200 Saint-Amand-Montrond

FORMES DES LIMBES

Feuilles simples

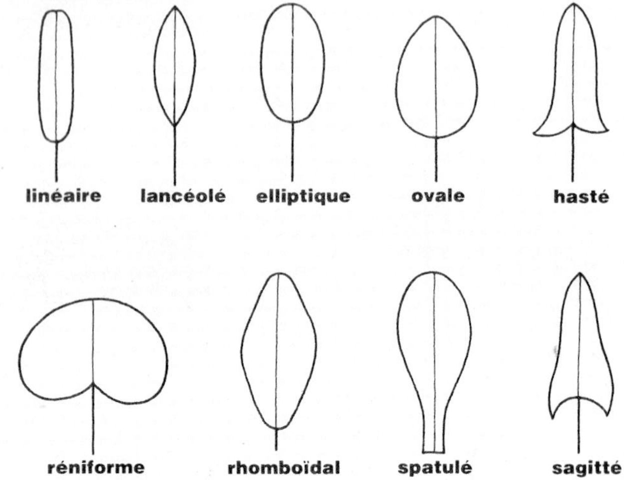

Feuilles composées

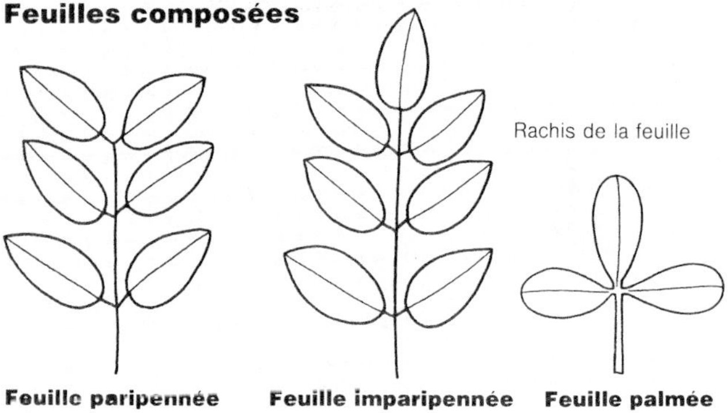

Bords de la feuille

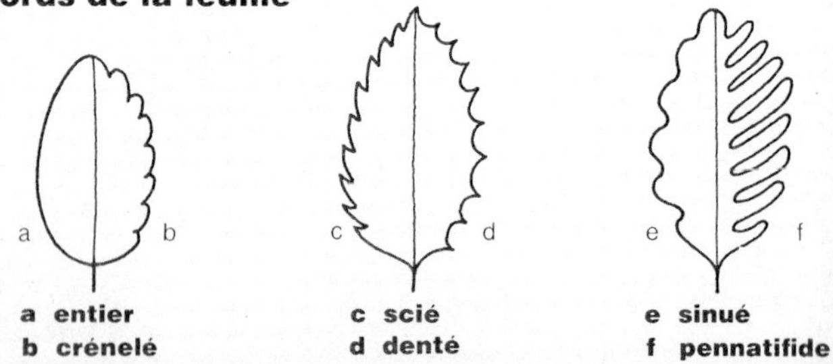